엄마
미안해

엄마 미안해

초판 1쇄 인쇄 2015년 5월 30일
초판 1쇄 발행 2015년 6월 1일
초판 2쇄 발행 2015년 6월 15일

지은이 김명옥, 임종인
펴낸이 김순희
펴낸곳 해피데이
공급처 가리온
주　소 서울특별시 영등포구 여의대방로 43라길 9
전　화 02) 895-7731 / 02) 892-7726
팩　스 0505) 116-9977
등록번호 제18-154호 2004. 1. 12.

ISBN 978-89-91078-35-2 03390

이 도서의 국립중앙도서관 출판예정도서목록(CIP)은
서지정보유통지원시스템 홈페이지(http://seoji.nl.go.kr)와
국가자료공동목록시스템(http://www.nl.go.kr/kolisnet)에서
이용하실 수 있습니다.
CIP제어번호: CIP2015013942

책값은 뒷표지에 있으며, 잘못된 책은 교환해 드립니다.

엄마 미안해

해피데이

"엄마, 미안해!" 라는 말

아들딸이 쭈뼛거리며 방에 들어와 어려운 부탁을 하며 '엄마, 미안해'하고 말할 때, 집에 늦게 들어오거나 식사 약속을 지키기 어렵겠다고 '엄마, 미안해!'로 말문을 열 때면, 가슴이 철렁 내려앉습니다.

오래전 가족처럼 지내던 분의 딸이 '엄마, 미안해!'라는 전화 한 통을 남기고 생을 마감한 후부터 생긴 지병입니다. 딸이 떠난 후 무시로 정신을 잃고 슬퍼하던 그 어머니를 생생하게 기억합니다. 그렇게 '엄마, 미안해'는 마음 깊은 곳에 자리잡은 슬픔이 됐습니다.

아들이 군대에 간 동안 애국가만 들어도, 태극기만 보아도 가슴이 뭉클했습니다. 우연히 군복 입은 사람만 봐도 내 아들같이 반가웠습니다. 군대 뉴스에만 눈과 귀가 열렸습니다. 그간 연평도 도발, 해병대 총기사건, 따돌림과 가혹 행위 때문에 사망한 병사, 군에 적응하지 못하고 자살한 병사들의 사건 사고가 잇따랐습니다. 깨알같은 기사들 사이에 한 마디가 눈을 번쩍 뜨게 했습니다. '엄마, 미안해!'

따돌림을 견디다 못해 전우들에게 총을 난사한 병사에게 쏟아진 수많은 질문에, 그 아들은 단지 '엄마, 미안해!'로 침묵을 대신했습니다. 어려운 상황에 처한 병사들이 스스로 삶을 끝내며 남긴 마지막 말은 한결같이 '엄마, 미안해!'였습니다.

매년 물난리와 산사태와 크고 작은 사고들이 벌어질 때마다 방송에서는 언제나 사람들이 철저하게 대비하지 않아서 더 큰 피해를 보았다고 말합니다. 안전 예방에 소홀했던 인재(人災)라고 말합니다. 그런데 신문 한 귀퉁이에 실렸다가 잊혀지는 '엄마, 미안해!'는 아무래도 인재가 아니라 심재(心災)인 것 같습니다. 마음의 재앙인 것 같습니다. 자신을 낳아주고 길러준 엄마한테, 하다못해 따뜻한 친구나 선생님 누군가에게 자신의 아픔과 어려움을 말할 수 있었다면, 그 아들들이 그토록 뼈아픈 선택을 하지 않았으리라는 안타까움에 가슴을 칩니다.

아들이 전역하고 해를 두 번 넘겼습니다. 만날 바쁘다고 핑계를 대며 글쓰기를 미뤘습니다. 그러던 중, 임 병장의 총기난사 사건과 윤 일병의 사망 사건이 많은 아들들과 엄마들에게 충격을 줬습니다. '참으면 윤 일병, 못 참으면 임 병장'이라는 인터넷 댓글이, 희미해지던 마음속 '엄마 미안해!'를 깨웠습니다. 다시 아들을 군대로 보내던 첫 마음으로 돌아가 기도처럼 일기처럼 썼던 글들을 다듬었습니다.

국방의 의무를 감당하는 동안 엄마와 아들 사이에 많은 편지가 오갔습니다. 엄마는 아들이 무엇을 먹는지, 무엇을 입는지, 잠은 잘 자는지 항상 궁금했습니다. 아들은 어떻게 군대에서 잘 살아남을지를 고민했습니다. 때론 동문서답이 오가기도 하고, 그럴듯한 개똥 철학을 나누기도 했습니다. 민간인 나라와 군인 나라의 국경 사이를 오간 220여 통의 편지에는 엄마와 아들이 21개월을 버텨 낸 비법이 담겨 있었습니다. 큼지막한 3호 택배 박스를 두 개나 가득 채운 편지 뭉치는 이렇게 한 권의 책이 됩니다.

엄마 김명옥

한 관심병사의 변론

아! 엄마에게 못내 섭섭하다. 아들은 군에 다시 입대하는 꿈만 꿔도 가슴이 벌렁대는데, 엄마는 아들의 군 생활이 '힘겨웠지만, 행복했던 추억'인가 보다. 군대 추억을 담은 글 좀 써보자는 엄마의 말이 야속했다. 제대를 두어 달 앞두고 군대 글 좀 쓰라고 했을 때, 단박에 거절했어야 했다. 2년 넘게 원고 독촉에 시달렸다. 제안이 독촉이 되고, 독촉이 잔소리가 됐다. 견딜 수가 없었다. 갑이 아니면 알아서 바닥을 기어야 한다는, 군대에서의 깨달음은 우리 집 권력 구조에서도 똑같이 통했다.

나는 군대가 싫었다. 궁금했다. 나는 정말 신성한 국토방위를 위해, 내 젊은 날을 온전히 바친 것일까? 오히려 군대에서 어떻게 하면 약삭빠르고 요령 있게 인생을 살 수 있는지를 홀랑 배워 온 것은 아니었을까? 군대는 소시민을 양성하는 가장 강력한 교육 기관이라던 말이 머릿속에 떠돌았다. 뭔가 잘못된 것에 용감하게 나서기보다는 다른 사람들 눈치만 살살 살피는 소시민 말이다. 내 선임들은 항상 내게 가르쳤다. '네가 무슨 일을 하든지 상관없는데, 다만 들키지만 마라!' 라고 말이다. 지켜보는 사람마저도 속이 헐어날 것만 같은 세월호의 충격과 그 후속 처리 과정 뉴스를 볼 때마다 자꾸 선임들의 목소리가 망령처럼 귓가에 울리는 듯했다. 들키지만 않으면 될 것이 들킨 날, 쉬쉬 숨겨오던 부조리가 들통난 날의 무책임한 모습하고 꽤 닮아 있었다.

21개월 '군대 학교'를 졸업할 즈음, 내 모습이 예전 같지 않다는 생각을 자주 했다. 부대 생활에 요령이 생기면서, 눈속임을 할 줄 알게 되면서, 고참이 되면서 슬슬 많은 것이 귀찮아지기 시작했다. 나태해진 나 자신을 볼 때마다 고생했던 올챙이 시절을 잊어버린 개구리가 된 것만 같아서 문득문득 죄책감이 들었다. 내가 죽어라 싫어하던 선임의 잔소리를 똑같이 읊고 있는 내 모습을 발견하곤 화들짝 놀란 적도 있다. 오히려 마음 졸이고 몸 피곤하던 쫄병 시절이 가장 나 자신다운 시간이었다. 아니 차라리 군대에 가기 전의 내 모습이 더 순수했다. 내 안의 소시민을 느낄 때마다 나는 괜히 군대를 더 미워했다.

나의 영원한 카리스마 캡틴, 수송관이 한 번은 혼잣말처럼 중얼거렸다. 나이를 먹는 것이 슬픈 것이 몸이 쇠약해지기 때문이 아니라고 했다. 나어린 시절 꿈꾸던 희망과 믿음이 하나둘씩 망가지고 쪼개져 버리는 것을 두 눈으로 확인하게 되는 것이, 삶이 슬퍼지는 이유라고 했다. 가을걷이가 끝나 벼 밑동만 널린 늦가을 논두렁 길 위에서, 부대에서는 바늘로 찔러도 피 한 방울 안 나올 것 같았던 중년 남자의 눈빛이 이내 축축해졌다. 고작 몇 년이나 살면서 인생의 무엇을 맛보고 알았겠느냐마는, 스물셋 먹은 나도 덩달아 침묵을 지켰다.

군대야말로 삶이 얼마나 내 생각대로 흘러가지 않는지, 얼마나 인생이 녹록지 않은지 알려준 곳이었다. 내 희망과 믿음이 기만당한 곳이었다. 집단의 문화를 거슬러가며 이건 뭔가 잘못됐다고 고발하는 비판 정신이 얼마나 위험한지를 배웠다. 여러 사람이 얼마나 손쉽게 한 사람을 무력한 바보로 만들 수 있는지도 알았다. 처음으로 '배고픈 소크라테스'

보다 '배부른 돼지'가 행복할지도 모른다는 생각을 했다.[1] 그냥 위에서 시키면 시키는 대로, 하지 말라면 하지 말라는 대로, 생각 없이 따르는 것이 가장 편안하고 안락한 방법이었다. 아마 데카르트가 내 동기로 군 생활을 같이 했더라면 "나는 생각한다, 고로 존재한다"라는 위대한 선언이 목구멍 뒤로 쑥 들어가지는 않았을까. 오히려 몇 세기를 훌쩍 뛰어넘어 "실존이란 무엇인가, 나는 누구인가"를 고민하게 되었을 것 같았다. 우리 부대는 내가 기름칠 잘 된 톱니바퀴 부속품이 되기를 원했지만, 나는 선임들이 바라는 '적절한 부속품'은 아니었다.

부대 생각을 별로 하고 싶지 않았다. 그러나 군에서 '썩었던' 기간만큼 시간이 지나자, 신기하게도 조금씩 마음이 너그러워지기 시작했다. 관심병사 타이틀이 부끄러워서 쫄병 시절의 기억을 깨끗하게 도려내고 싶었는데, 이상하게도 그 결함마저 내 삶의 일부분으로 겸허하게 받아들여야겠다는 생각이 들었다. 어느 정도 마음에 여유가 생기고, 생각의 폭이 넓어진 덕분일까.

한동안 신문과 방송에서 관심병사라는 말이 엄청 많이 나왔다. 전역할 무렵만 하더라도 관심병사는 몇몇만 아는 군대 용어였는데, 어느새 많은 사람들이 관심병사를 알 법하다. 그러나 관심병사는 절대 유쾌한 이야깃거리가 아니었다. '불미스런 사고의 장본인이 알고 보니 관심병사였더라'는 식의 이야기가 대부분이었다. 소를 잃고 나서 슬쩍 눈가림으로 외양간 점검하는 것 같아서 마음이 불편했다. 관심병사라고 불린 저 친구한테는 도대체 어떤 사연이 숨겨져 있었을까 싶었다.

---

1) "배부른 돼지보다는 배고픈 소크라테스가 되겠다"

내 관심병사 고백을 누차 주저했던 진짜 이유는 내가 분에 넘칠 정도로 가진 것이 많은 녀석이었기 때문이다. 부대 밖에는 언제나 위로를 건네는 가족이 있었고, 따뜻한 집이 있었고, 좋은 대학 친구들이 있었다. 군 목사님과 교회 식구들로부터 많은 격려를 받았다. 나는 언제나 어려움을 털어놓을 곳이 있었다. 중대 안에서는 왕따였지만, 그 밖의 공간에서는 아니었다. 이러한 까닭에 나의 관심병사 극복기는 실상 반쪽짜리도 못 되는 얄팍한 것이었다. 말마따나 '가진 자'의 엄살과 생색이 될까 우려스러웠다. 비빌 언덕 하나 없고, 기댈 곳 하나 없어 외로워하고 힘겨워하는 진짜배기 관심병사 전우들에게 나의 이야기는 한없이 죄스러운 것이어야만 한다.

다만 기대한다. 나의 고백이 용기 있는 다른 고백들을 이끌어내는 시작이 되기를, 생각보다 더 많은 관심병사들이 씩씩하게 군 생활을 견뎌냈음을 알아주기를, 보이지 않는 곳에서 맞고, 욕먹고, 구석에 숨어 몰래 숨죽여 우는 친구들이 끔찍한 생각을 하면서 군화 끈과 소총을 만지작거리는 일이 없기를, 자기도 모르게 합세해서 관심병사를 따돌리는 친구들이 자신의 모습을 돌이켜보기를, 더 많은 간부들이 부하 병사들을 따뜻하게 보살펴주기를, 이 사회가 관심병사를 위로해주길.

2010년 가을. 22세. 쫄병 임 종 인을 다시 읽는다.

Contents

제1부

엄마의 이야기

바이올린을 부탁해

아들이 대학합격통지서를 받은 날, 입시를 통과했다는 안도의 한숨을 내쉬기도 전에 득달같이 신체검사 용지가 날아왔다. 이제 국방의 의무를 감당하라는 통지였다. 헐레벌떡 있는 힘을 다해 마라톤을 달려왔는데, 골인 지점에서 다음 경기를 통보받는 듯한 부담감이었다. 현역 판정을 받은 아들은 2년이나 인생의 숙제를 미뤄가면서 청춘을 마음껏 누렸다. 수능도 한 번 더 보고, 전공도 정했고, 꿈에 그리던 연애도 했다.

군대를 갔다 와야 철이 든다는 둥 늦게 가면 쫄병 노릇을 견디기 힘들다는 둥 이러저러한 말을 듣고 아들의 입대를 채근했다. 아들은 여름내내 오케스트라 동아리 연습을 쫓아다니고, 느긋하게 가을 정기 연주회까지 마친 후에야 입대 날짜를 정했다.

입대 날짜가 2주, 열흘, 닷새 앞으로 성큼성큼 다가오자 잠이 오지 않았다. 그날이 사흘 뒤, 이틀 뒤로 다가오자 가슴이 두근거렸다. 입영 전야에는 급기야 자식을 죽을 곳에 보내는 것처럼 마구 불안해졌다. 아들 녀석을 가족 품에서 어떻게 떠나보내야 할지 당황스럽고 슬펐다. 21개월의 까마득한 날이 답답했다. 착잡한 염려와 부정적인 감정이 엄습해왔다.

건강한 아들들의 입대는 당연하다고 생각했는데, 너무 융통성 없는 고지식한 판단이 아니었는가 싶었다. 보내고 싶지 않다는 생각이 간절했다. 이 상황을 피할 수 있지 않았을까 하는 후회에 사로잡히기도 했다. 이제라도 이 상황을 피할 길은 정녕 없는 것인지 전전긍긍했다. 복잡한 생각들이 꼬리를 물고 시시각각 마음의 짐을 더했다.

낯설었다. 입대 전날까지 버텨보다가 미용실에서 나오는 아들의 외모는 아주 낯설었다. 머리를 깎는 동안 남편은 아무 말 없이 한가한 구석을 찾아가 앉았다. 딸과 나는 무슨 유명인사가 대의명분을 위해 결연한 삭발 의식이라도 치르는 것을 구경하는 양, 미용실 창밖에서 연신 기웃거렸다. 머리카락이 미용 가운 위를 거쳐 바닥으로 쏟아져 내렸다. 자유로웠던 영혼이 듬성듬성 잘려나갔다. 삼손의 머리카락이 잘려나갈 때 그의 힘과 지혜가 빠져나간 것처럼, 그렇게 아들의 재치와 객기, 총기와 심성이 힘없이 쓸려 내려가는 것 같았다.

미용사의 거침없는 바리깡에 아들의 머리는 순식간에 시퍼렇게 속살까지 드러났다. 아들의 정체성이 잘려나가는 것 같아 도저히 쳐다볼 수 없었다. 더는 지켜볼 수가 없었다. 미용실까지 같이 따라나선 것은 머리카락이 잘려나가는 것을 구경하고 싶어서가 아니었다. 다만, 머리를 자르는 동안 아들의 착잡한 심경을 보듬어주고 싶어서였다. 잃어버린 자기 모습에 당황해할 아이를 어떻게라도 위로해야 할 것 같았다.

그러나, 아들은 제법 담담하게 삭발 예식을 마쳤다. 단 몇 분이면 끝낼 간단한 것을 괜히 망설였다는 듯이, 이런 것쯤은 아무 일도 아니라는 듯이. 거울 속의 빡빡머리를 향해 머쓱하게 웃고는 모자를 쓰고 나왔다.

2010년 9월 28일. 아침에 눈을 떴다. 비몽사몽 얕은 잠이 깨자 심장에 동그마한 구멍이 뚫리는 것 같았다. 초가을 찬 기운 같은 싸한 통증이 밀려들었다. 눈물은 한 방울밖에 흐르지 않았는데, 혀끝이 칼칼하게 말려왔다. 아직 잠든 아들을 둘러보고 서둘러 아침밥을 지었다. 고기도 구워 먹이고 버섯 찌개도 든든하게 먹였다.

의정부 306 보충대의 맑은 가을 하늘 아래에 수천 명의 입소자들이 나라를 지키겠다고 모여들었다. 입영을 환영하는 군악대의 힘찬 연주는 공중에 떠다녔지만, 보내고 떠나는 슬픔은 자꾸 바닥으로 침잠했다. 입소자들과 가족들까지 모여든 군중의 존재감은 자막만 나오는 영화처럼 깊은 산중의 적막함처럼 조용했다. 입소자들은 아무 일도 아니라는 듯 애써 씩씩한 척을 하느라 서로 눈을 맞추지 않았고, 가족과 형제 친구와 애인은 담담한 척하느라 입을 다물었다.

애국가를 부르고 순국선열에 대해 묵념을 할 때는 모처럼 심정이 동하여 애국심이 울렁였다. 반쪽의 평화와 안정을 위해서 얼마나 많은 독립운동가의 목숨과 전쟁 희생자들이 필요했는지. 반쪽만으로 온전한 하나의 몫을 감당하고 유지하기 위해 또 얼마나 많은 생명과 젊음이 희생되어야 하는지.

연병장에 집결한 훈련병들 모두 안전하게 군 복무를 마쳐야 할 터였다. 힘들다고 극단적인 선택을 생각하지 말고, 잘 견뎌내서 건강하게 부모와 가정으로 돌아와야 할 터였다. 위험한 훈련이나 임무 중에 실수하거나 사고당하는 녀석은 없어야 할 터였다. 묵념을 시작한 때부터 하늘 향한 기도가 간절해졌다.

입영식은 의외로 간결했다. 입대자들은 집합하라는 구령이 떨어지자마자 앞자리에 앉았던 아들은 걸어나갔다. 고개도 돌리지 않고 한 손만 뒤로 잡아주고는 걸어나갔다. 한 번쯤 엄마를 안아주고 갈 줄 알았는데. 한 번은 뒤를 돌아보고 손 흔들어주고 떠날 줄 알았는데. 수천 명 사이에 묻혀 순식간에 시야에서 사라져 버렸다. 순간 피리 부는 사나이를 따라 마을의 모든 아이들이 사라져 버리는 동화가 뇌리에 스쳤다. 고개를 세차게 도리질하며 방정맞은 상상을 떨쳐 버렸다.

갑자기 뒤도 안 돌아보고 가버린 아들이 아주 섭섭했다. 자기 눈물을 보이기 싫어서, 엄마의 눈물을 보고 싶지 않아서 그랬으리라 싶으면서도 몹시 서운했다. 아들이 씩씩해 보이는 것이 아니라, 따뜻한 감정 하나를 펜치로 뚝 끊어 버리고 떠난 것 같았다. 황무해진 민둥머리처럼 마음도 그렇게 다부지게 굳어져야만 할까? 그래야 고된 훈련과 격리된 집단생활을 버틸 수 있게 되는 것일까? 많은 사람들이 떠나고 드넓은 연병장에 먼지만 폴폴 날릴 때까지 오래도록 울었다.

빈집에 돌아오니 피아노 위에 덩그마니 남은 바이올린이 제일 먼저 눈에 걸렸다. 아들 방에 들어서니 매일 끼고 살던 책상 위 노트북, 벽에 걸린 몇 장의 가족사진, 연병장에 도착할 때까지 차마 '디바이스 종료'를 누르지 못하던 핸드폰, 책상 위에 읽던 책들과 아침에 샤워하던 수건과 옷가지들이 '그대로 멈춰라' 게임이라도 하듯 정지해 있었다. 모처럼 두둑해진 예금통장에도, 자기 물건 어떤 것에도 아무 미련이 없다는 듯, 아이는 자유롭게 누리던 문명의 이기들을 순순히 놓고 갔다. 그 모든 단절을 통과의례로 받아들이며 군대 공동체 안으로 뚜벅뚜벅 걸어 들어 갔다.

아들은 306 보충대 앞에서도 여러 번 바이올린 관리를 당부했다. 예술 고등학교까지 다니다가 접은 바이올린이었다. 진로를 바꾼 후부터는 변심한 연인처럼 다시는 그 고운 소리를 내주지 않았지만, 자신에게는 성장기의 절반을 함께 한, 늘 친구처럼 정겨운 존재였을 터였다.

"엄마! 바이올린 잘 부탁해요! 비 오면 제습제 넣어주고, 건조하면 습도 조절기 넣어두는 것 잊지 말고요. 악기 그냥 안 쓰고 버려두면 소리가 안 좋아지니까 소영이가 가끔씩 사용하고, 은진[2]이가 레슨 할 때 두어 시간씩 악기 좀 만져 달라고 해 주세요!"

"아덜![3] 엄마도 잘 부탁해! 힘들고 어려운 일 있어도, 지금껏 받은 사랑으로 힘내서 잘 견뎌내길 바라! 무작정 고된 상황 버티느라 마음까지 거칠어지진 말고, 건강하게 안전하게 훈련 잘 받고, 군 생활 잘 감당하길 바라. 전역해서도 여전히 넓은 세상 볼 줄 알고 작은 꽃잎 사랑할 줄 아는 따뜻한 마음 잃지 않기를, 특히 손가락 다치지 않고 여전히 바이올린을 잘 켤 수 있기를 기도할게!"

---

2) 바이올린을 하면서 알게 된 친한 친구.
3) 더 절절한 마음으로 아들을 부르는 말. 엄마 버전으로는 '오마니'가 있다.

청개구리 엄마는
비 오는 날마다 웁니다.

맑게 갠 하늘보다 구름 낀 하늘을 좋아한다. 적당히 쓸쓸하고 외로운 멜랑콜리가 편안하다. 찬비에 바람이라도 불라치면 가슴 속까지 후련해진다. 조용히 내리는 빗소리는 영혼 깊은 곳까지 정화하는 힘이 있기 때문이다. 그렇게 나는 비를 좋아한다.

비가 왔다. 아들이 입대한 지 엿새 만에 비가 내렸다. 비가 오는 날에도 신병들이 고된 훈련을 받는지 궁금했다. 남편은 몇 번이고 비 오는 날에는 훈련 대신 내무반에서 레크리에이션을 한다고 대답을 해주었다. 비 오는 날 훈련을 하면, 그 많은 군복과 군화를 세탁하고 말리는 데 얼마나 많은 비용과 시간이 들겠느냐고 말이다.

입대 준비물로 분명히 무좀약을 챙겨 줬으면서도, 남편의 대답이 하도 그럴듯해 마지못해 고개를 끄덕였다. 세상 물정에 어리어리한 나는 늘 남편의 주장이나 변론에 깜박 속는다. 비올 때 신병훈련소에서는 훈련 대신 레크리에이션을 한다고 속으로 되새기면서 심란한 마음을 달랬다.

그날 일정을 마치고 돌아온 저녁. 딸 책상 위에 있던 단팥빵을 한 입 베어 물었다. 문득, 아들이 아주 좋아하는 빵이었다는 생각이 들었다.

삼키고 싶지 않았다. 단팥빵이 목에 걸려 이러지도 저러지도 못하는 때에 수화기가 울렸다. 막내 이모였다. 친정엄마의 빈자리를 채워주는 이모였다. 얼떨결에 빵이 꿀꺽 넘어가 버렸다.

"이모! 하루 종일 비가 왔어. 남편은 비 오면 군대에서 레크리에이션 한다는데 아무래도 맘이 편하지 않아. 이 비 다 맞고 훈련받지는 않겠지?"

"네 이모부는 큰 훈련 때 비 오는 길가에서 군장 메고 주저앉아 자기도 했다는데? 글쎄, 군인은 비 와도 무조건 훈련받을걸!"

비를 맞으며 훈련을 받았을 아들을 생각하니, 유난히 비를 좋아한 마음마저 죄스러웠다. 아이들이 어렸을 적에 왜 그렇게 '청개구리' 동화만 들려줬는지 그것조차 미안했다. 대여섯 살 아들이 밤마다 간절히 옛날 이야기를 청할 때, 슬픈 목소리로 청개구리 이야기를 들려줬다. 온갖 말썽과 저지레를 도맡아 하고 다니는 놈을 쉽게 관리하고 싶은 마음에서였을 것이다. 그때마다 마음이 여린 녀석은 항상 처음 듣는 것처럼 눈물을 글썽이며 말 잘 듣는 착한 아이가 되겠다고 약속해 주곤 했다.

이야기를 듣던 어느 날 슬픈 대목에 들어서자마자 "엄마, 나는 청개구리 엄마 때문에 속상해 죽겠어! 만날 하지 말라는 것이 많아서 말이야!"하고 울음을 터뜨렸다. 개구쟁이로 맘껏 탐색하고 쑤시고 다니고 싶은 마음과 착한 아들이 되고픈 마음 사이에 갈등이 얼마나 컸는지…….
그날 이후로는 '청개구리' 동화를 더 이상 써먹을 수가 없었다.

비 오는 날, 청개구리 엄마가 운다. 이 비를 맞고 훈련하는 것이 안쓰러워서, 곁에 있을 때 잘해 줄 것을 후회하면서. 하지 말라는 잔소리만 많았던 것을 미안해하면서 눈물을 짓는다.

'군대 가기 전에 여자애 깊이 사귀지 마라. 너무 꼴통 되지 않게 책 놓지 마라. 오케스트라도 취미니까 적당히 좀 해라. 밤에 늦게 좀 다니지 마라. 인스턴트 먹지 좀 마라. 늦잠 자지 마라. 인터넷 좀 그만해라. 밥 많이 먹지 말고 반찬 많이 먹어라. 체력 좀 기르게 운동 좀 해라."

청개구리 엄마는 온통 하지 말라는 말뿐이었다.

더 이상 짧은 치마⁴⁾ 입은 아가씨들도 볼 수 없고, 마음 맞는 친구들과 밤늦도록 쏘다닐 수도 없고, 같이 하모니를 맞추며 연주할 기회도 없고, 체질처럼 익숙해진 인터넷 · 핸폰 문화와도 단절되어야 하는데, 모든 시간과 삶의 패턴을 국방부의 플랜에 맞춰야 하는데, 많은 시간과 세월을 그렇게 수고하고 견뎌내야 하는데, 입대하기 전에 실컷 자유롭게 할 것을……. '비 오지 말라고 개굴개굴!'

아들 방에서 창을 내다보며 군대에서 보내온 택배 박스를 또 꺼내본다. 입대할 때 입고 갔던 옷가지와 운동화 사이에 짧게 적힌 메모와 소식들.

OO사단 신병훈련소 배치 받고 갑니다. 신병훈련소 가면 편지 받을 수 있대요.
---
* 치킨, 초코파이, 떡볶이, 카레, 짜장면, 콜라.

배고픔. 살 빠지겠음. 훈련 끝날 때쯤이면 10kg 빠질 것 같아요.

임꺽순 편지 잘 읽었다. 영어하고 사탐 마무리 잘하고. 나 훈련 끝날 때 너 수능이다.

힘내라!

---

4) '아들이 관심을 쏟는 여자아이'를 지칭하는 표현. "짧은 치마만 두르면 좋아라한다"는 농담에서 유래.
5) 김지하의 〈타는 목마름으로〉 '…숨죽여 흐느끼며/네 이름을 남 몰래 쓴다/타는 목마름으로/타는 목마름으로/민주주의여 만세.'

* 내 통장에서 소영이 격려금 5만원 주세요. 주의도 챙겨 주세요.
----
* 소포 가능한때 확인하고 클렌징 폼 보내주세요.
----
* 장정→신병훈련소(훈련병)→자대배치(이등병)→일병→상병→병장→일반인
  총 21개월. 전역일 - 2012. 7. 6. 타는 목마름으로[5]

매직펜으로 여기저기 급히 쓴 메모들이었다. 두어 장의 편지와 소포 박스 구석구석에 문구들이 빼곡했다. 군에 입대한 지 며칠이나 됐다고 먹고 싶은 것을 한바닥 써 났다. 전역 날짜에는 큼지막한 별을 그려 놓았다. 21개월! 까마득한 날들이다.

수많은 글자들 가운데 '초코파이'가 자꾸 걸린다. 먹고 싶은 음식으로 초코파이가 등장한 것이 의아했다. 초코파이는 한 번도 내 손으로 먹여 준 적이 없는 간식이었다. 목사관의 일용할 양식이 넘쳐나서 초코파이를 내친 것은 아니었다. 본래 신토불이 먹거리를 선호하던 식성이었는데 친정 엄마의 갑작스런 죽음을 겪으면서 더 건강한 먹거리에 신경을 쓰게 된 것이었다. 우리 아이들뿐 아니라 교회 아동부 행사에까지 손수 간식을 만들어 주어야 직성이 풀리곤 했다.

훈련이 고되기 때문에 자동으로 단 것이 당긴다는 얘기를 들어봤지만, 이토록 순식간에 초코파이가 간절한 먹거리가 될 줄은 몰랐다. 초코파이 한 상자를 사다 놓고 비오는 창밖을 바라본다. 언제나 전해 주려나!

단장(斷腸)의 슬픔

　10월 하순인데 갑자기 기온이 영하권으로 뚝 떨어진 날이었다. 갑자기 배가 아팠다. 창자가 아팠다. 명치 아래부터 싸하게 쓰린데 뭔가 날카로운 것이 쿡쿡 쑤시는 듯한 통증이 겹쳤다. 배탈도 아니고, 그날도 아닌데, 뱃속 어딘가가 꼬인 것처럼 불편하고 아팠다. 어떤 약을 먹어야 할지 생각이 나지 않았다. 약을 먹고 싶지도 않았다. 통증을 줄이려고 온찜질을 하고 싶지도 않았다. 어디 단단히 병이 난 것이든 그냥 아픈 대로 놓아두고 싶었다. 아니, 그대로 아프고 싶었다.

　아무래도 잠을 못 이룰 것 같아서 늦은 밤 주섬주섬 옷을 주워 입었다. 딸 방을 빠끔히 열어 본다. 얼마 전까지 아들이 쓰던 방이다. 빈방을 내가 하도 허전해 하니까, 딸이 하나둘 자기 짐을 옮겨와서 그 방을 따뜻하게 만들었다. 배가 몹시 아파서 잠이 오질 않으니 교회에 올라가겠다고 했다. 딸은 언어영역 공부를 하고 있었는지 고사성어 책을 뒤적거려 한 페이지를 열어 주었다.

　"단장(斷腸). 창자가 끊어질 것 같은 슬픔-진나라 시대에 한온이라는 하인이 원숭이 새끼를 잡아 배에 실었다. 그러자 어미 원숭이가 배를 따라오며 울었다. 백 리를 더 가서 배를 강기슭에 대자, 어미는 배로 뛰어들어 그대로 죽었다. 그 배를 갈라서 보니 너무나도 슬펐던 나머지 창자가 토막토막 잘려져 있었다. 이로 인해 창자가 끊어지는 듯한 슬픔을 '단장(斷腸)'이라고 하였다."

자식이 아주 멀리 잡혀간 것도 아니고 또 어린 새끼도 아니다. 그래도 배가 아팠다. 날이 갑자기 추워지자 마음이 조급해졌다. 아들이 군대 간 것을 일생일대의 큰일로 삼을 정도로 여하한 삶은 아니었다. 우리 가정의 크고 작은 슬픔과 아픔들, 밤늦게 걸려오는 교우들의 위급한 일들 - 죽음과 이혼, 사업 실패와 불치병 - 을 함께 겪으며 살아왔다.

위기와 갈등 상황에 자주 노출되어 살았으면서도, 아들을 군대에 보내 놓고 나는 유난스레 앓고 있었다. 이상하게 아들을 입대시키고 난 날부터 편안한 침대에서는 잠이 오지 않았다. 잠 못 이루는 아이처럼 베개를 들고 소파와 빈방을 전전하다가 빈 예배당에서 쭈그리고 누우면 웬일인지 잠이 왔다.

뭔가 불편한 곳에서는 잠이 왔다. 늘상 9월이면 내의를 챙겨 입었는데, 이번 가을에는 10월이 지나도록 보일러도 켜지 않았다. 하늘이 맑으면 괜스레 기분이 좋고, 날이 흐리고 썰렁하면 맘이 무거웠다. 평생 가을비를 좋아했는데, 이제는 비만 내리면 축축한 한기가 온몸에 스며들었다. 비 오는 한밤중에 깨어 보초를 서는 아들에까지 생각이 미치면, 비가 몰고 오는 한기에 몸서리까지 쳐졌다. 군인들이 먹고 싶다는 초코파이, 짜장면부터 시작해 아들이 좋아하던 음식은 입에 대고 싶지 않았다. 한 달 사이 허리 사이즈가 한 치수나 줄어버렸다.

친구들은 너무 자식에게 연연해 하지 말라고, 그래서야 아들 녀석을 어떻게 장가보내겠느냐고 놀렸다. 남편은 당신 혼자만 아들 군대에 보낸 것 아니라고, 다 나라에서 알아서 먹여주고 재워주고 책임져준다고 했다. 옛날 군대에 비하면 태평천하[6]라고, 유난 좀 떨지 말라고 면박을 주곤 했다.

아무래도 나는 오장육부 가운데 쓸데없는 것이 하나라도 더 달려 있는 것 같다. 아니면 뭐라도 하나 부족한 것일는지도 모른다. 남들 다 겪는 인생의 과정을 늘상 어렵게 겪기는 했다. 부모님과 떨어져 도청 소재지에서 유학하던 청소년기에는 가족이 그리워 달을 쳐다보며 울었다. 짧은 연애-첫사랑과 헤어진 후에는 긴 그리움으로 한없이 낙엽 쌓인 길을 밟고 다녔다. 불치병으로 갑작스럽게 엄마를 잃었을 때, 두 아이의 엄마였으면서도 상실감을 채우지 못해 오랫동안 힘들어했다. 심지어 임지가 바뀔 때마다 두고 온 교우들이 못내 그리워서 몇 년씩 새 교우들에 적응하기 어려워했다. 나는 가정에서나 교회에서나 듬직한 안정감을 주지는 못했다. 주변의 사람들이 어렵고 힘들어 할 때, 곁에서 함께 아파하고 울어주는 정도였다.

이제 아들을 군에 보내 놓고 안절부절 못했다. 예상치 못한 동장군이 새삼 염려스러웠다. 마음을 안정시키고 아픔을 견디는 방법은 빈 예배당에 올라가 아들의 무탈한 군 복무를 위해 기도하는 것뿐이었다.

---

6) 채만식의 소설 〈태평천하〉를 말함. 일제 강점기를 '태평천하'라고 말하는 주인공 윤직원 영감과, 아들의 군생활도 다 좋다고 말하는 아빠의 모습이 똑같다며 엄마는 삐쳤다.

일주일 뒤에 아들의 편지가 왔다.

'2박 3일간 못 씻었습니다. 지난 화요일부터는 한계를 맛보는 시간이었습니다. 갑자기 아침에 기온이 영하 6도까지 뚝 떨어졌는데, 텐트 치고 숙영을 하며 훈련을 받았습니다. 잘 때, 보초 설 때, 발끝 신경이 마비되는 줄 알았습니다. 그래도 한밤중에 산속에 스며드는 달빛이 나름 아름답더군요. 너무 추워서 여기서 얼어 죽을지도 모른다는 생각도 했습니다. 목요일은 5주 훈련소의 하이라이트가 다 몰린 날이었습니다. 숙영하고 각개전투 훈련하고 저녁에 군장 메고 야간행군을 했습니다. 어깨가 빠질 정도의 군장을 메고, 방독면, 방탄모 등등 기타 물품들을 챙기고, 총 들고, 30킬로는 정말 먼 거리입니다. 비 오듯 쏟아지는 땀은 수시로 얼어붙었습니다.'

군인의 어머니는 애국자!

아들이 좋아하던 음악 CD를 놓고 간 것을 안쓰러워했다. 그동안 누린 자유를 제한당하는 것을 안타까워했다. 초코파이와 짜장면을 못 먹는 것을 동동거렸다. 수류탄과 화생방, 각개 전투와 야간 행군의 위험과 고단함을 걱정했다. 자대 배치를 받아 콩쥐 노릇 할 것을 마음 졸였다. 그러나 이 모든 것은 별것도 아니었다는 듯이 연평도 도발이 일어났다.

예고 없이 순식간에 연평도는 쑥대밭이 됐다. 그 난리 통에 19살 난 이병과 21살 병장이 목숨을 잃었다. TV 화면에는 포탄이 터지는 CCTV 장면과 황폐한 거리, 자식을 잃은 부모의 오열과 엄숙한 장례식이 연신 보도됐다. 천안함이 침몰당하고 46명의 아들들이 바다에 수장된 지 일년도 안 된 때였다. 구조선들이 한 구의 주검이라도 건져보려고 무심한 바다를 떠돌던 영상이 잊혀지지 않은 시점이었다. 온 국민들은 TV 앞에서 전쟁에 대한 두려움과 최첨단 구조 장비의 무능함에 대한 분노로, 또 막막한 절망으로 암담한 우울에 젖어들었다. 우리는 허망하게 우리의 아들들을 보내야 했다.

그리고 포격으로 아수라장이 된 연평도가 또 우리의 현실을 일깨웠다. 전쟁과 도발의 위험이 항상 남아있는 나라였다. 북한은 오히려 엄포를 놓았다.

'한미 연합 훈련을 실시하면 공격하겠다. 서울을 불바다로 만들어 버리겠다. 미국이 떠나면 공격하겠다.'

연일 TV와 신문에 촉각을 세워야 했다. 전군은 비상 출동태세를 갖추고 있었다. 내무실에서 군장을 싸고 군화를 신고 총까지 메고 새우잠을 잔다고 했다. 그렇게 긴박한 경계 속에서 성탄절과 연말이 지나갔다.

다가온 새해에 수도원으로 향했다. 그간 교회나 가정의 크고 작은 일들에 바쁘게 살아왔다. 눈앞에 보이는 일들에 분주한 소시민의 일상이었다.

국가의 안보와 통일, 환경 파괴와 온갖 질병들, 세계 전역의 쓰나미와 천재지변들, 주변 강국들의 핵무기 경쟁들, 맘모니즘과 천민 자본주의에 젖어버린 세속의 풍조, 그리고 그 안에서 살아나가야 할 기독교인의 사회적 책임에 대해 고민해 본 지 오래였다. 아들을 군에 보내고 나니 이제야 나라와 민족이 절실해졌다. 거국적인 기도가 간절해졌다.

남편은 내게 군인의 엄마는 씩씩해야 한다고 말했지만, 군인 엄마는 유식해야 할 것 같았다. 세계의 평화와 나라의 안정을 위해 폭넓게 관심을 가져야 했다. 시민으로서 사회적 책임을 감당할 뿐만 아니라, 실천하는 신앙인으로서 어떠한 방식으로든 참여해야 했다.

침대 옆 책장에 쌓여 있던 문학 작품과 경건 서적들을 책장 밑으로 밀어 두었다. 서점의 북한학, 군사학 코너에서 사 온 책들이 그 자리를 채웠다. 〈DMZ의 봄〉, 〈글로벌 아마겟돈〉, 〈벼랑 끝에 선 북한〉, 〈케네

디와 말할 수 없는 진실〉 등 제목부터도 무거운 책들이었다. 탈북병사의 수기를 통해 북한군이 어떻게 군사훈련을 받고 전쟁을 준비해 왔는지, 왜 여자들까지 북한군에 입대해야 하는지 이해할 수 있었다. 북한주민들이 얼마나 철저하게 주체사상을 주입받고, 인권을 유린당하고, 비참한 부조리와 모순, 가난 속에서 살아가는지를 새삼 알게 됐다. 북한 수뇌부들이 내거는 피켓은 '오직 적화 통일'이라는 현실과 그들이 주력하는 핵무기의 위험성을 절감했다. 알수록 기도가 더 간절해졌다.

전쟁과 도발의 위험으로부터 이 나라와 민족이 안전할 수 있기를, 부정과 부패로 병들어 가는 우리 사회가 정의와 사랑으로 깨끗해지기를, 돈의 논리와 경쟁의 구도에서 방황하며 상처받은 이들이 건전한 문화와 풍토로 치유되기를, 이 나라의 경제력과 기술문화가 평화와 통일을 이루어 갈 힘이 되기를, 세계의 평화와 미래를 위해 잘 감당해 나가기를, 무엇보다 우리의 아들들이 건강하고 안전하게 군 복무를 감당하기를!

행주치마를 입고 전쟁터에 나서는 심정으로, 가슴에 태극기를 품고 독립만세를 외치는 벅참으로, 전쟁의 폐허 속에서 혹독한 가난과 두려운 밤들을 이겨낸 오마니의 모성으로,

눈 쌓인 수도원에 그렇게 오래도록 엎드렸다.

군인의 엄마는 애국자가 다 됐다.

첫 면회

해가 뉘엿뉘엿 지는 늦가을 저녁에 멜라니 사프카의 "The Saddest Thing"을 들으며 운전을 하다가 길을 잃었다. 잘 아는 길이라고 내비게이션을 사용하지 않다가 낯선 터널에 접어들었다. 아차 하는 순간, 전혀 모르는 길을 달리고 있었다. 초보운전 때나, 많은 세월이 지난 때나, 여전히 직진만 자신 있는 '김여사'의 운전 실력은 국민대 앞인 것만 알뿐 집에 찾아갈 길을 몰랐다. 그제야 내비게이션을 켰다. 기계는 먹통이고, 남편은 회의 중이라고 통화를 자르고, 날은 어둑어둑해졌다. 막막한 슬픔이 밀려 왔다.

첫 면회를 마치고 돌아오던 길이었다. 부대에 들여보낸 아들이 헨젤과 그레텔이 아니라, 서울 시내 한복판에서 앞으로만 갈 줄 아는 김씨 아줌마가 헨젤과 그레텔이었다.

울고 싶어라. 면회실에서 아들 얼굴만 보고, 바쁘다고 먼저 되돌아간 남편이 섭섭했다. 길을 잃었다는 불안감에다 아들을 두고 온 섭섭함 때문에 길가에 비상등을 켜두고 내내 울었다. 그렇게 좀 울고 나니 가슴이 시원했다. 겨우겨우 삼청 터널을 찾아 광화문을 거쳐 집으로 돌아왔다.

첫 번째에 대한 기억은 늘 아련하다. 초등학교에 입학하던 날 먹은 짜장면, 대학에 입학하던 날 처음 만난 친구, 출산 사흘 만에 만난 손가락 열 개와 발가락 열 개인 내 아이들, 첫눈, 누군가를 만난 첫인상, 등등.

첫 면회를 준비할 때는 '카더라 통신'에만 의지해야 했으므로, 무조건 먹을 것만 열심히 챙겼다. 면회실만 덩그러니 열리는 곳이 있다고도 들었고, 면회객을 위한 식당이 있는 부대도 있다는 이야기도 들었다.

식당을 이용할 수 없을까 봐 손수 음식을 장만했다. 평소에 좋아하던 음식에다 온갖 달달한 것까지 챙기다보니 집에 있는 보온 도시락과 보온병까지 동원해야 했다.

원래 나는 먹기를 탐하는 사람이다. 청년 때에도 화장을 못 하더라도 아침밥은 꼭 먹고 나섰다. 당구비 내고 술값 내느라 밥을 못 먹은 동기들을 보면 라면 한 그릇이라도 꼭 사줘야 마음이 편했다. 교회에 이런저런 일로 밥 시간까지 남아있는 교우들을 보면, 집에 해뒀던 음식들을 잔뜩 차려 같이 먹어야 했다. 초등학교 3학년짜리 딸은 가족 소개란에 먹을 것을 잘하는 엄마만을 나열했다. 그렇게 나는 먹을 것을 넉넉히 챙기지 않으면 속이 상하는 아줌마다.

훈련병 시절 아들이 보내온 효도편지 끝에 "엄마, 배가 고파요!"라는 문장까지 있었으니, 첫 면회에 챙겨 간 음식은 일개 도시락이 아니라 명절 음식에 가까웠다. 남편은 아들이 무슨 북한에서 굶다 온 사람이냐고, 어찌 그렇게 욕심을 내냐고 핀잔까지 줬다. 물론 아들이 그 많은 것을 한 번에 다 먹기를 바란 것은 아니었다. 먹을 것을 선택할 자유가 없는 병영 생활에서 한 끼라도 마음대로 골라 먹는 자유를 주고 싶었을 뿐이었다.

뭘 그렇게 많이 챙기느냐는 남편한테 '이산가족 상봉하러 간다'고 대꾸했다. 별안간 생각해보니 이산가족 상봉 때 음식을 직접 가져가는 것을 본 기억이 없었다. TV를 보면 이산가족들은 어색한 감시 아래 짧은 시간만을 함께 했다. 이산가족 상봉 때 상대방이 좋아하던 음식을 챙겨 갈 수 있으면 좋을 터인데.

새벽부터 서둘러 면회 시간 전에 도착했다. 담 너머 영내를 들여다보며 위병소 앞에서 서성였다. 하도 똑같이 생긴 군복을 입어서 가까이 오기 전까지 아들을 알아볼 수 없었다. 아들은 군기 팍 들어간 목소리로 '신고식'을 했지만, 오히려 크게 다친 곳이 없는지 살펴보기 바빴다. 훈련소 시절과 자대 배치받은 후까지 근 두어 달 만이었다.

이산가족 상봉에 비할 바 아니지만, 수신만 가능한 훈련소 시절은 잘 지냈는지, 자대 배치받은 곳은 안전한지 궁금해서 안달이 났다. 이산가족 상봉이었다. 아들의 먹는 양은 생각지 않고 그동안 못 먹인 것에 대한 보상으로 음식을 자꾸 권했다. 착한 아들은 주는 대로 꾸역꾸역 잘도 먹었다.

오로지 먹을 것에만 연연해 하다가 아들을 돌려보내고, 돌아오는 길에서야 아들의 초췌해진 모습이 눈앞에 아려왔다. 애써 밝은 표정을 짓고 씩씩한 척을 했어도 피곤하고 지친 얼굴이었다. 말끝마다 극존칭을 쓰는 것도 어색했고, 무슨 말이든 '죄송합니다'가 따라붙는 습관에선 불안한 긴장감이 느껴졌다. 피곤할 터인데 자동차 시트에서라도 눈을 좀 붙이라고 했더니, 빨리 복귀해야 한다고, 할 일이 많다고 서둘렀다. 한숨 자라고 해도 자꾸 눈꺼풀을 치켜뜨며 뭔가를 외워야 한다고도 했고, 면회 마감 시간보다 가능한 한 빨리 돌아가야 한다고 했다.

아들이 던져 놓은 조약돌[7]을 따라가다 보니, 편지에는, 짧은 안부 전화에는 할 수 없었던 상황이 좀 그려졌다. 늘 편안하게 속내를 털어놓던 아들이 뭔가 가슴에 품고 드러내지 않았다는 사실이 그제야 감지되었다.

길을 잃을 만큼 생각에 골똘했다. 먹을거리에만 신경을 쓸 것이 아니라, 뭔가 겁먹은 듯한 초췌한 얼굴을 좀 살폈어야 했다는 자책이었다. 마음의 어려움을 좀 더 살폈어야 한다는 후회만이 짠하게 남았다.

---

7) 독일 동화 〈헨젤과 그레텔〉의 주인공들은 미리 던져 둔 하얀 조약돌을 보고 집을 찾아온다. 엄마가 말하는 조약돌은 아들이 군대에서 어떤 상황에 처해 있는지 눈치챌 수 있는 힌트였다.

콩쥐 이병

연평도 도발에 이어 북핵 6자회담 정보를 알리는 기사들이 신문에 많이 등장했다. 그 사이사이에 고참들의 괴롭힘으로 백혈병을 앓다가 사망한 의경 사건이 보도됐다. 때맞춰 가혹행위를 못 견딘 6명의 전경들이 자대를 탈출하는 사건이 연이어 터졌다. 아이들이 수험생일 때는 신문의 교육과 문화 지면만 보였는데, 아들을 군에 보내 놓으니 나라 안팎의 정세와 군 관련 소식만 눈에 크게 띈다.

나쁜 나라다. 나라를 위해 정부를 믿고 군에 입대했는데, 어떻게 선임들의 가혹행위로 스트레스를 받아 몹쓸 병에 걸려 죽게 했을꼬? 얼마나 아프고 힘들었을까? 북과 대치하는 이 나라의 정치 현실, 가혹행위를 당해도 명쾌한 해결이 어려운 군의 행정과 시스템, 선임들의 폭력적인 인격 장애와 이상심리가 주범이었다. 시대의 아픔과 겹치고 꼬인 악연으로 한 젊은이가 입대 9개월 만에 불치병을 얻었다. 제대로 치료도 못 받고 죽음을 맞았다. 항암치료를 받으면서 간간이 부대에 복귀했을 때, 취사병에게 죽 한 그릇 청한 것도 거절당했다는 안타까운 사연도 알려졌다.

아들을 잃은 엄마는 나라와 선임병들에게 책임을 물었고, 군은 그제야 허둥지둥 재조사를 지시하며 사건 수습에 나섰다. '백혈병 사망 의경'의 가혹행위와 관련된 17명은 사법처리됐고, 그를 상습적으로 폭행한 2명에겐 구속영장이 발부됐다.

아직은 살 만한 나라다. 새벽에 탈영하여 가혹행위를 고발한 6명의 전경들은 자대 배치 직후부터 선임들로부터 수차례 구타당했다고 했다. 군기라는 명목으로 수면과 휴식을 박탈당했다. 탈영자들은 군가와 선임 이름 외우기를 강요당했다고 호소했다.

군은 과감하게 일을 처리했다. 탈영한 대원들을 내부고발자로 대우해 피해가 없도록 했다. 가혹행위에 관련된 선임 병사들을 형사 입건했다. 고질적으로 구타와 가혹행위가 잔존해 온 해당 부대를 해체했다.

신문에 군 관련 기사만 나오면 오려서 읽고 또 읽었다. 사법적인 처리와 해결들로 표면에 떠오른 문제들을 해결했지만, 생명을 잃은 젊음은 어찌할까? 아들을 잃은 엄마에게 그 무엇이 위로가 될까? 전경과 의경으로 자식을 보낸 부모들은 또 얼마나 불안할까? 또 우리 아들은 구타와 가혹행위에서 얼마나 안전할 것인가?

가끔 걸려오는 전화 외엔 군에 있는 아들의 상황을 알 길이 없었다. 그저 잘 지낸다고, 걱정하지 말라는 말이 전부였다. 그래도 엄마는 그 목소리에서 자식이 얼마나 힘든 것인지, 정말 평안한 것인지 모든 감각을 세워 상황을 가늠해두어야 했다.

그러던 한겨울 깊은 밤에 느닷없는 전화가 걸려 왔다.

"엄마! 나 숨이 막혀요……."

"왜? 무슨 일인데?"

"……."

"너, 똑바로 말해봐! 너 구타 당하는 거 맞지?"

"…… 끄억. 끄으윽 ……"

수화기 너머로 목 울음을 삼키는 소리가 들렸다. 피가 머리끝까지 솟구쳤고, 손가락 마디 끝까지 전율이 일었다.

"…… 잘 견딜게요. 읍! 으음! 엄마 목소리라도 들으면 힘이 날 것 같아서요."

주변이 의식되는지, 전화도 다 검열을 받는지, 아들은 짧게만 작은 조약돌을 흘렸다. 작은 단서만으로도 아들에게 닥친 버거운 상황이 감지됐다.

아들은 입대한 지 3개월 된 콩쥐 이병이었다. 영하 16도에도 맨손으로 얼음물 세차를 했고, 청소와 내무반 잡무를 도맡아 했다. 밥 먹다가도 불려가서 면박당하고 폭언을 듣는 일은 일상인 것 같았다. 업무와 관련된 암기사항들을 수첩에 들고 다니며 외워도 늘상 탈탈 털리는 듯했다. 책도 못 읽게 통제하고, 편지조차도 새벽에 화장실에 가서 읽는다고 했다. 개인 관물대도 무시로 침범 당하고. 무슨 백으로 1호차 운전병 후보로 뽑혀왔느냐며 협박도 당했다. 이런 일들 외에 어떤 상황이 겹쳐진 것일까? 얼마나 위협적인 분위기였으면 숨이 막힌다고 할까?

아들의 상황이 어떠한지 대화해 줄 사람을 어렵게 찾아냈다. 수송부 차고 뒤에서 가해진 구타와, 온갖 폭언과 억압의 실체가 드러났다. 아들을 만나준 분은 당장에 모든 것을 조사하고 처벌해야 한다고, 또 곧바로 안전한 다른 부대로 전출을 가야 한다고 알려줬다.

엄마, 미안해! ❶

울릉도에서 며칠 동안 쉬는 중이었다. 멀미약을 하도 먹어 비몽사몽 하루 일정을 마치고 난 저녁이었다. 숙소에 돌아와 뉴스를 보니 해병대 병사가 기수열외에 원한을 품고 내무반 동료들을 네 명이나 사살했다는 내용이었다. 사고를 낸 병사는 수류탄으로 자폭하려 했으나 성공하지 못해 국군병원에서 치료 중이라고 했다. 가슴이 철렁했다. 잘은 모르지만, 2005년 연천 사건[8] 이후로 가장 심각한 총기 사건이라고 했다.

기수열외란 해병대 내에서 왕따를 만드는 방법이었다. 투명인간처럼 아예 인간 취급을 안 해주는 경우라고 했다. 후임병들까지 무시하고 자존심을 극도로 무너뜨리는 악습이었다. 기수열외와 가혹행위가 사라져야 한다고 사건을 일으킨 사병은 병원에서 필답했다. 하루가 다르게 그 병사는 문제아로 취급되고, 정신적인 문제가 있는 사람으로 보도됐다. 해병대뿐 아니라 전군의 가혹행위에 대한 철저한 분석과 대책이 필요한 시점에서 언론은 오히려 모든 원인을 개인의 정신적 문제로 몰아갔다. 공범이 있다고 떠벌리면서.

---

8) 연천 군부대 총기난사사건. 8명이 죽고, 2명이 부상당한 것으로 알려졌다.

공범으로 체포된 정 이병이 받은 가혹행위는 가히 충격적이었다. 선임을 하나님으로 믿으라고도 했고, 사타구니 부분에 모기약을 뿌리고 라이터로 불을 붙이기도 했다. 자극적인 성분의 연고를 얼굴에 바르고 씻지 못하게 했다고 한다. 선임들은 전쟁터에 나가 싸우는 것보다 더 고통스럽고 괴롭게 두 병사의 인격을 짓밟았다. 총기로 동료들을 사살한 것은 변명할 수 없는 명백한 죄이다. 하지만 선임들의 가혹행위가 분노로 쌓이고 쌓여 극단적인 결말을 가져왔다는 것에는 왜 초점을 두지 않는 것일까? 군기라는 명목하에 암묵적으로 허락되었던 가혹행위가 살인을 불러올 만큼의 분노와 적의를 만든 것이다. 피할 수 없는 고통스러운 상황이 절망스러웠던 것이다. 결국 자신의 인생도 포기하려고 했다.

충격으로 말을 할 수 없게 된 사고병사는 모든 것을 끝내고 싶다는 글만 끄적였다.

낙서처럼 쓴 글 끝에 눈에 확 들어온 네 글자.

"엄마, 미안해!"

해병대의 군기와 고된 훈련 가운데도, 살의를 주체할 수 없는 피폐함 가운데도 작은 햇살처럼 남아있는 따뜻하고 선량한 마지막 양심.

"엄마, 미안해!"

가혹행위를 했다지만 너무 큰 대가를 지불한 사망 병사들의 엄마. 더 이상 살아도 산목숨이 아닌 살인자 아들의 엄마. 모든 언론과 군 책임자들의 단편적인 손가락질로, 사건을 일으킨 병사는 아무에게도 변호 받지 못하고 있었다. '공공의 적'이 된 아들을, 남은 세월 내내 죄수로 매장되어 생을 마감해야 하는 아들을 바라봐야 하는 엄마에게, 이미 죽은 목숨일 엄마에게, 아들은 정말 미안하다고 한다.

가혹행위의 피해자에서 가해자로 바뀐 값이, 부화뇌동하는 군중심리에 휩쓸려 분별없이 가혹행위에 합세한 값이, 결국 다섯 아이들과 다섯 엄마들의 죽음이었다. 그렇게 아들을 잃은 엄마들에게나 자신의 엄마에게나, 김 상병은 모든 엄마들에게 미안하다고 말하고 있는 것이었을지도 모른다.

자신의 아들이 알 수 없는 분노와 답답함으로 저항할 수 없는 약자에게 가혹행위를 하고 있는지, 혹은 반대로 폐쇄된 공간에서 가혹행위를 당하고 있는지 엄마들이 헤아려볼 삶의 여유들은 없었을까? 아들이 엄마에게 미안하다고 할 것이 아니라, 엄마가 미안하다고 해야 할 것 아닌가?

불화와 애정 결핍으로 얼룩진 가정이, 폭력적인 경쟁을 조장하고 권하는 사회가, 괴벽스러운 성격 장애자를 걸러내지 못하고 무조건 군 입대를 강행한 병무청이, 여하한 사건 사고에 노출된 군대의 부조리와 모순을 정치적으로 제도적으로 해결하지 못한 정치가들과 군 책임자들이, 미안하다고 해야 할 것 아닌가?

아니다. 아니다. 다 엄마가 잘못했다. 다 엉터리고 다 뒤죽박죽이었어도, 제 몸으로 낳은 아들을 목숨처럼 지켜내지 못한 엄마가 다 미안하다. 내 아들만 지켜내는 것이 아니라, 남의 아들들이라도 함께 지켜내지 못한 이 땅의 모든 엄마들이 잘못한 거다. 미안한 거다. 우리의 아들들이 숨 막히는 갈등과 위기 가운데 치열하게 고민할 때, 아무것도 모르고 일상을 살아간 엄마들이 미련하고 어리석었다.

구조적인 제도나 정치적인 문제에도 목소리를 높여 바르게 세워지도록 국민의 의무를 다해야 했다. 이뿐만 아니라 단절되고 고립된 군대에서 다스려지지 않은 분노와 원망을 약자에게 가혹행위를 하면서 풀고 있지는 않는지 아들들을 세심히 살펴야 했다. 어떠한 상황 속에서도 분노와 원망을 다스리고 정화시킬 수 있도록, 아들들과 공감하고 소통했어야 했다.

아침에 신문을 펴는 것이 두려울 정도로 군대 내 자살 소식이 연이어 전해진다.

"나는 이제 삶을 마감하려 한다. 엄마도 되게 슬퍼하시겠지."
생을 마감하려는 순간 엄마가 가장 눈에 걸렸겠지. 차마 힘내서 극복하고 견디지 못하고 슬픈 삶을 마감하려는 마지막 순간의 진실.

"엄마 미안해!"

엄마, 미안해! ❷

새벽부터 인터넷을 뒤지고 신문을 구석구석 읽었다. 아들 부대에서 일어난 사고 소식을 듣고 자세한 상황을 알고 싶어 연신 뉴스에 귀를 기울였다. 지난밤 짧게 걸려온 전화로 마음이 복잡했기 때문이었다. '대운동회'[9] 중이니 여러 날 연락을 못 할 거라는 전화를 며칠 전에 받았던 터라, 아예 휴대폰에 신경 쓰지 않던 밤이었다.

전화가 걸려올 시간이 아닌데, 밤 9시에 031로 시작하는 번호가 휴대폰에 울렸다. 무슨 일이 일어났을 거라는 예감에 가슴이 쿵쾅거렸다. 예의가 아닌 시간에 오는 전화는 응급실이나 장례식장뿐이었다.

"엄마, 밤늦게 전화해서 놀랐지? 오늘, 우리 부대에서 사고가 났어. 병사가 죽었어! 순식간에 일어난 일이라 아무도 도와줄 수가 없었어."

아들은 최대한 목소리를 낮추어 침착하게 말하려고 애썼지만, 수화기 너머로 아들의 온몸이 떨고 있는 것을 느낄 수 있었다.

'대운동회' 중에 사고가 나서 한 병사가 목숨을 잃었다고 했다. 사고가 나자마자 언론에 노출됐으니, 어차피 알게 될 것이라 미리 연락하는 것이라 했다. 요컨대 자신은 안전하니 걱정 말라는 것이었다. 마침 자신도 사고 현장 근처 부대에 있었는데 부대 분위기가 온통 뒤숭숭하다고

---

9) 사전에 약속된 암호. 엄마와 아들 사이에서 대운동회는 '큰 규모의 훈련'을 의미했다.

했다. 뉴스에서 사건을 접하게 되더라도 놀라지 말라고 했지만, 놀라지 말라는 전화에 더 놀랐다.

아들이 왜 어떤 사고였는지 구체적으로 말해주지 않은 것은 충격적인 사건을 계속 생각하고 싶지 않은 마음인 것 같았다. 자기 입으로 말하고 싶지 않을 정도로 두려운데 굳이 사고 경위까지 물어볼 수는 없었다.

인터넷으로 찾아보니 그것은 탱크 전복 사고였다. 22살의 병장이 그 자리에서 목숨을 잃었고 2명이 다쳤다고 했다. 장마 기간이라 지반이 약해져서 탱크가 전복된 것 같다는 짧은 기사만 찾을 수 있었다. 그저 안타까운 사건 사고일 뿐이었다.

그랬다. 연평도 도발이든 탱크전복 사고든 언제든지 일어날 수 있는 위험이었다. 안전사고가 날 확률이 단 1%였더라도 사고를 당한 병사에 게는 그것이 온전한 100%였다. 그 사고의 대가는 다시 돌이킬 수 없는 죽음의 길이었다.

한 아들이 나라를 위해 자신의 젊은 시절을 내놓고 떠나갔다. 아니 반 토막으로 끊어져 버리고 말았다. 자신의 미래를 위해 전공도 탐색하고, 학교도 마저 다녀야 하고, 아름다운 사람과 연애도 해야 하고, 아이들도 낳고 가정도 꾸려보고, 자신의 지식과 재능을 사회에 맘껏 발휘하고 봉사해야 하고, 여태껏 키워준 부모에게 효도도 해야 할, 젊디젊은 아들이 갔다.

그 아들에게는 슬프고 아름다운 인생 여정 전체가 날아가 버린 대사건이었다. 세상의 종말이었다. 그러나 그 사건은 인터넷 귀퉁이에 잠시 안타까움을 던져주는 이야기일 뿐이었다.

얼마 뒤 아들을 통해 들은 사고 병사의 사연은 더 애달팠다. 아버지는 어린 시절에 돌아가셨고, 엄마와 둘이 외롭게 살아왔다고 했다. 더구나 엄마는 생업으로 외국에 계시다가 아들의 소식을 받았다고 한다. 뒤늦게 달려온 엄마의 통곡은 육군통합병원 영안실을 다 흔들어 놓았지만, 이미 싸늘해진 아들을 깨울 수는 없었다. 가톨릭 신자였던 병사의 영혼을 위해 신부님이 장례 미사를 드려 주었고, 국립묘지에 안치되었다고 했다.

부디 그 아들의 영혼이 하늘나라에서 평안하기를, 아들 잃은 엄마의 가슴이 부디 터져 버리지 않기를, 사건을 목격하고 비참한 시신을 거둬들인 병사들의 충격과 외상이 '우울한 자리'로 매겨지지 않기를, 이 모든 슬픔의 작별 예식이 진실한 눈물로 애도 되기를, 그리고 그 슬픔이 세월의 더께를 따라 삭혀지기를.

찰나의 실수로 탱크가 전복되어 자신의 몸이 깨어지는 순간. 마지막 숨을 몰아쉬면서 그 아들은 누구의 이름을 불렀을까? 이국땅에서 수고로이 일하는 엄마의 이름을 불렀을 것이다. 그리고 제 죽음으로 애통할 엄마에게, 혼자 남겨질 엄마에게, 마지막 진실한 언어를 남겼을 것이다.

"엄마 미안해!"

카더라 통신

여고 시절 어느 비 오는 날, 운동장에 나가지 못하자 교련 선생님은 교실에서 인생에 중대한 지침을 제공해 주셨다. 중년에도 눈에 총기가 반짝이던 여선생님은 미간에 힘까지 주면서, 가장 중요한 결혼의 조건은 '군대'라고 강조하셨다. 코사인, 탄젠트, 시그마는 아무리 외워도 개념도 안 잡히고 입력도 잘 안 됐는데, 교련 선생님의 '결혼 조건 = 군대'라는 공식은 뇌리에 새겨졌다. 선생님은 어떤 남자를 만나든지 그 사람이 군대에 갔다 왔는지를 먼저 확인하라고 했다. 군대를 씩씩하게 졸업한 남자면 마치 정부 공인 'KS 마크'를 붙여놓은 것과 같다고 말이다. 군대 훈련을 겪은 사람은 위기와 어려움 가운데서도 가족을 먹여 살릴 능력이 있는 사람이니 믿을 수 있다는 것이었다. 그리하여 여고 시절부터 '군대'는 무의식적으로 의식적으로, 일차적인 '결혼의 조건'이었다.

첫 미팅 때부터 호감 가는 사람에게는 무조건 군필 여부를 확인했다. 당연히 연애하던 시절에도 남편의 군 복무 여부를 확인했다. 남편은 친절하게도 머리를 깎은 사진까지 보여주었다. 남편은 결혼하고 나서야 다른 동기들보다 먼저 목회현장에 나간 이유를 알려 줬다. 나라를 위해 씩씩하게 입대했지만, 고등학교 때 몹시 앓은 흔적이 흉부 X-레이에 남아서 어쩔 수 없이 되돌아와야 했다고 말이다. 아차! 군복을 입은 군인의 사진을 확인했어야 했는데!

남편이 거창하게 입대 환송식만 하고 되돌아온 일이 가정생활에서 심각한 결격사유가 된 적은 없었다. 스스로 살아가도록 방목형으로 자란 남편의 가정환경 덕분이었을까. 군대 훈련을 겪는 것보다도 더 혹독하게 삶의 방법과 적응력을 체득한 것인지 무탈하게 가정을 꾸려왔다.

평화의 댐이라든가 핵무기 제조로 북한이 으름장을 놓을 때, 어린 아들이 불안 해 하면 남편은 아들 앞에서 아주 씩씩했다. 달랑 전방 입소 훈련뿐인 사격 훈련을 으스대며 나라와 가족을 위해 나가 싸울 준비가 되어 있다고 안심시켰다.

그러나 정작 아들이 성장해서 입대하게 되자, 남편이 군대에 발만 살짝 담그고 온 일이 새삼 심각한 '결핍'이 됐다. 교련 선생님의 말씀처럼 결혼조건의 결격사유 급은 아니었지만, 엄청 불편한 '경험 부족'이었다. 원래 남편은 아이들을 양육하는 동안 큰 도움이 되어주지 못했다. 밖에서는 누구에게든 포용적이고 다정다감했지만, 집에 와서는 자기가 자란 대로 '이런들 어떠하리 저런들 어떠하리'하는 '방목형 아부지'였다. 남편은 '바쁘고 피곤하다'로 일관했기에 아이들 교육을 챙겨주는 것은 아예 기대도 하지 않았다. 나 혼자 찾고 두드리며 애들 뒷바라지를 해야 했다. 군대가 입시나 어떤 진로보다 인생 여정에 중요한 관문이라는 것을 직감했지만, 남편은 이번에도 역시 도움이 되어주지 못했다.

입대를 앞두고 제대로 잘 준비해서 보내고 싶은데, 달랑 두 주간의 전방 입소 훈련 체험밖에 없는 남편의 배경지식이 그렇게 아쉽고 속상할 수 없었다. 인제 와서 다섯 자매 중 맏이로 키운 친정 부모 탓을 할 수도 없었다. 급한 대로 막내 이모부, 제부들, OB 합창단 남자 동기들, 딸 둘만 키우는 친구네 친구의 친구까지 정보망을 펼쳐 뒀다.

카더라 통신[10]은 극단적인 과장과 함께 들려왔다. 훈련소에서 밥은 5분 내에 먹는다고 했다. 야간에 행군할 때는 하도 피곤해서 모두들 졸면서 걷는다고 했다. 개중에는 졸다가 절벽에서 떨어진 사람도 있다고. 유격 훈련 때 강이나 절벽, 똥 수렁 위에서 밧줄을 잡고 넘어가는 훈련을 실시한다고 했다. 성욕 억제제는 맛스타나 국에 들어 있는 것이 아니라 군대 건빵 별사탕에 들어 있다고 했다. 대량으로 김치를 만드는 취사병들은 군홧발로 김치를 밟는다고 했다. 휴가 나왔다가 복귀할 때 선임 간식을 충분히 챙기지 않으면 들어가서 맞는다고 했다. 부대에 보내는 택배나 편지 검열은 물론, 전화를 통한 대화도 일일이 다 도청된다고 했다. 탈영하는 놈들은 대부분 애인이 고무신을 바꿔 신은 경우라고 했다.

250원 하던 짜장면이 5,000원이 되기까지의 세월을 아우르는 카더라 통신의 정보지만, 실상 군대는 크게 달라진 것 같지 않았다. 과장과 비약이 심하든 일반화의 오류에 빠진 정보이든 내겐 상관이 없었다. '카더라 통신'은 아들을 위한 유일한 레이더망이었다.

가장 혼란스러웠던 것은 '카더라 통신'과 국방부에서 만든 군대 홍보 영상 사이의 간극이었다. 현실과 이상의 괴리였다. 아니, 더 정확히는 '카더라 통신'과 '국방부 홍보물' 사이 어딘가 위치할 진짜 군대의 현실을 가늠해 내는 일이었다. 입영식 때부터 인터넷에 훈련 내용이며 식단

---

10) 항상 '듣자하니 ~라고 하더라(카더라)'는 정보. 사실 여부도 확인할 수 없는 뜬소문을 말한다.

까지도 게시해주는 친절 이면에 감춰진, 실제 훈련과 내무반 생활에 얼마나 큰 차이가 있는지 가늠하기 어려웠다.

아들은 '카더라 통신'을 불신했지만, 민간인 나라에서는 '카더라 통신'은 유의미한 정보처였다. 가장 '카더라 통신'의 정보망을 넓혔을 때는 아들이 군 차량 사고를 낸 때였다.

이른 더위로 나른해지는 오후, 다급한 목소리가 수화기를 타고 흘렀다.

"엄마, 나 전쟁기념관인데, 어떻게 하지? 나, 일냈어! "

"어 ~엉? 무슨 일인데?"

"서둘러 주차하다가 기둥을 못 보고 앞 밤바를 박아버렸어!"

"너는 괜찮아? "

"……다치지는 않았어."

집에서 한 걸음도 안 되는 거리를 달려가 보니, 선탑자[11]는 행사장에 참석하러 들어가 있고, 아들은 어찌나 긴장하고 놀랐는지 얼굴이 하얗게 질려서 대기하고 있었다. 아들의 운전 실력에도 문제가 있었지만, 나름 억울한 사연도 있었다. 선탑자는 시각장애인이나 낼 법한 사고를 냈다고 화를 내고 행사장으로 가버렸고, 아들은 혼자 남아 처벌에 대한 두려움과 불안으로 떨고 있었다.

평소 이용하는 카센터에 수리를 맡겨 볼 것을 궁리해 보았지만, 부대로 복귀해야 할 시간이 촉박했다. 어쩔 수 없이 고스란히 아들이 감당해

---

11) 운전병 옆 자리에 앉는 선임자. 차량을 이용하는 간부이다. 운전병의 '고객님.'

야 할 몫이 되고 말았다. 엄마가 해 줄 수 있는 것은 삼십여 분 동안 차한 잔 사주고 아들의 손을 잡아주고 오는 것뿐이었다. 그러잖아도 군기가 살벌한 수송부인데, 저녁 내내 마음이 불편했다.

카더라 통신을 부지런히 작동하고 종합해 본 결과, 국가에 재산상의손해를 입혔기 때문에 영창을 가게 된다고 했다. '영창'이라고 했다. 소시민으로 살아오면서 백화점 명품 가방이 낯선 만큼이나 영창은 떠올려보지 못한 곳이었다. 불편스럽고 두려웠다.

복귀한 아들은 영창은 가지 않으니 걱정하지 말라고 했다. 며칠 뒤에영창 대신에 징계 처분을 받았다는 연락이 왔다. 무더워지기 시작한 날에 아들은 군장을 메고 빈 운동장을 몇 시간씩 걸었다고 했다. 운행 배차는 당분간 정지되었고, 부대 안의 잡역을 했다. 운전병이 대낮에 군장메고 도는 것 자체가 나름의 처벌이었으리라. 그리고 얼마 뒤 아들의 보직은 수송행정병[12]으로 바뀌었다.

카더라 통신에서는 영창으로 직행할 일이 징계로 끝났으니 차라리다행이었다.

믿을 수도 없고 안 믿을 수도 없는 '카더라 통신!'

---

12) 실제 수송행정이라는 보직명은 없었다. 운전병이나 정비병 중에서 부속관리, 차량배차, 보험관련
사무 등을 수행할 만한 재원을 뽑아서 수송행정병이라고 불렀다.

메디 플라자 (중대 약국)

    딸들만 키우는 친구들은 TV 예능 프로그램에 나오는 영상을 보고 군대가 예전 같지 않다고 위로했다. 옛날에 비하면 지금 군대는 병영 캠프 간 것과 같다고 했다. 매사에 느긋한 남편은 군대에서 지내는 동안 나라에서 먹여주고 입혀주는데, 게다가 급여도 있으니 무슨 걱정이냐고 했다. '태평천하' 운운하면서.

    입대 5개월 차에 아들 녀석이 의무실에 입원했다는 연락을 받고 몰래 달려가 보니, '국방부 홍보 영상'과 '카더라 통신' 사이에 버젓이 자리 잡은 군대의 현실이 보였다. 의무실에서 타 준 몸살감기약을 먹고, 위가 헐어서 약까지 토하는 지경이 됐다. 수송부 간부는 국군 병원에 데려가서 위내시경 검사까지 받게 해주고 의무실에 입원시켜 줬다.

    그나마 고마운 일이다. 느지막한 겨울 추위를 막기에는 썰렁한 의무실에 수액을 꽂고, 헐렁한 군청색 환자복 안에 누워 있는 아들을 보니, 덜컥 두려운 마음이 들었다. 12 킬로나 빠져서 예전의 서글서글한 인상은 남아있지 않았다. 아들은 위내시경을 해 준 간호장교가 자기 첫사랑처럼 아주 예뻤다고 너스레를 떨었다. 지낼 만하다고 했지만, 이제 아들의 말도 믿지 않기로 했다. 미루고 있던 첫 휴가를 신청하라고 채근했다. 휴가를 나오자마자 바로 민간 병원에서 감기몸살로 악화된 비염과 위염을 치료했다.

위만 약하고 예민한 게 아니라. 겉으로 허우대만 멀쩡하지 속으로 야물지 못한 녀석이었다. 어떻게든 챙겨야겠다고 생각하니, 길이 보이기 시작했다. 궁리 끝에 위문품 택배 속에 위장약이 대거 포함된 감기약, 부작용이 적은 비염약, 위장을 보호하고 치료하는 약을 부쳤다.

다음에는 배짱이 두둑해져서 한의원에서 나오는 소화제와 피부과에서 받아온 무좀약을 보냈다. 벌레 물린 데 바르는 약, 설사할 때 먹는 약, 호랑이 연고, 안티푸라민, 마데카솔. 핫팩, 발포 비타민, 영양제까지 품목이 늘기 시작했다.

그다음에는 좀 더 치밀하게 상비약을 챙기고, 봉투마다 효능도 표기해 넣었다. 아들은 택배에 실려 오는 약들을 잘 분류하고 보관하였다가, 의무대에 달려갈 여건이 안 될 경우에 간단한 처방을 해 주었다고 했다.

자신을 괴롭히는 선임이 와서 머리가 아프다고 하면 그냥 아스피린을 주었다. 착한 후임이 와서 아프다고 하면 찬찬히 효능을 살펴보고 그나마 좋은 것으로 챙겨 줬다고 한다. 아들의 별명은 '메디 플라자(중대약국)'이었다. 의무실에 가서 진단을 받고 처방을 받아야 원칙이지만, 짬이 안 차서 그마저도 눈치가 보이는 쫄병들은 다른 선임들로부터 꾀병부린다고 몰리기 때문에 나름 아들의 배려는 의미 있는 일이었다.

비단 약뿐만이 아니라 아들의 관물대는 간단한 식료품과 몇 권의 책, 클래식 CD까지 이용 가능한 구멍가게였다. 카더라 통신에서는 건빵 안에 들어 있는 하얀 별 모양 사탕이 성욕억제제라고 했다. 달달한 것이 당긴다고 그것을 주워 먹으면 나중에 손주 보는 일이 어려워진다고 했다. 그래서 대용품으로 초콜릿을 택배 박스에 넣었다. 환경호르몬에 완전 노출된 봉지 라면-뽀글이나 PX에 널려 있는 냉동식품 대신에 먹을 간식들을 찾아봤다. 주변 전우들에게 상대적 박탈감과 위화감을 주지 않도록 택배 횟수를 조절하면서, 내무반에서 같이 나눠 먹을 것까지 챙겨 보냈다.

가장 공들여 고르는 위문품은 단연 읽을거리였다. 영혼의 양식이 될 만한 경건 서적과 동서양 고전 문학들, 연애 소설, 여행 잡지, 에세이, 시집, 영어 원서, 영어 한국어 한문 서적 등등. 아들이 요청하는 책을 주문해서 보내기도 하고, 서점 구석구석 돌아다니며 찾기도 하고. 아무튼, 부지런히 읽을거리를 제공했다. 또 항시 오락 프로그램에 고정된 TV 채널에 아들이 중독되지 않도록, 마음을 편안케 하는 CD들을 구해 보냈다. 운전하다가, 혼자 있을 때는 언제든 음악을 들으라고 말이다. 대부분 클래식이라 보안필[13] 도장을 수월하게 받았다.

아들이 군대에 가면 내가 부자가 될 줄 알았다. 어학원 비며 책값, 피복비와 매주 지급하던 용돈을 주지 않아도 되니까 말이다. 정기적금이라도 들으려고 했다. 그런데 정작 면회며 휴가로 만나면 그저 마음이 안쓰러워서, 운행 나갔다가 대기할 때 굶지 말 따뜻한 국밥 먹으라고 용돈을 찔러 주었다. 선후임을 돌아봐야 할 일이 있으면 사용하라고 비상금도 쥐어 줬다. 게다가 한 달 걸러 보내는 위문품을 채우느라 여전히 돈이 들었다.

'메디 플라자'는 물질적으로나 정신적으로나 여유를 갖기 위한 '품위 유지비'였다.

---

13) 보안성 검토필. 줄여서 보안필은 외부에서 들여온 서적이나 음반 자료가 군 보안상 문제가 없음을 부대 책임자가 확인한다는 표시였다.

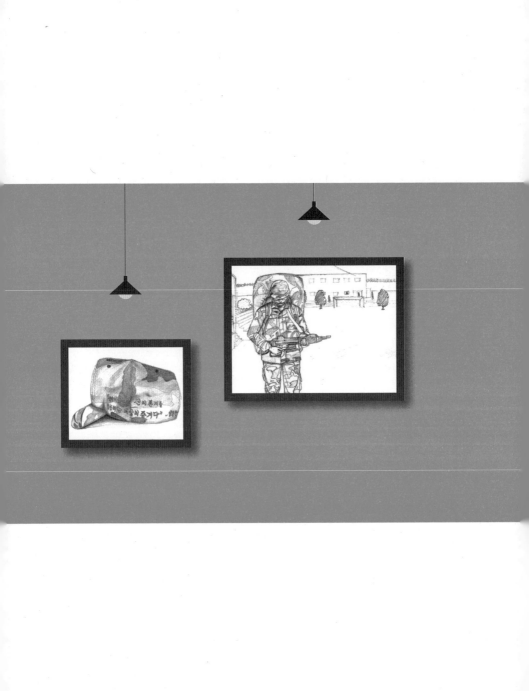

제 2부

아들의 쫄병백서

또 하나의 임 병장

마음 맞는 친구 하나 앉혀 놓고, 내리 사흘 밤낮을 같이 떠들어대도 군대 이야기는 모자람이 없다. 풀어 놓는 이야기 주머니에서는 우리 모두 주인공이다. "아무렴! 그래도 나 정도니까 이렇게 잘해냈지!"라는 자긍심이 뚝뚝 묻어난다. 육군 병장으로 만기 전역한 예비군들의 '썰'이 모두 100% 진실이라면, 우리는 국방 걱정을 붙들어 매도 좋다. 부산 구청에서 공익 요원으로 근무한 형까지도 훈련병 때는 일당백 아닌 사람이 없으니까. 그렇게 시시껄렁 온갖 잡설이 오가는 중간에 마음 한구석이 뻐근하다. 누구에게 군대 이야기는 평생의 안줏거리라지만, 나는 그 안주만 씹고 나면 소화불량에 체한 기운이 돈다.

나도 열심히 말하긴 했다. 달리는 짚차 위에 경비행기마냥 커다란 독수리 그림자가 드리웠다는 이야기도 했고, 저 멀리 반대편 GP¹⁴⁾에서 얼쩡대는 북한군을 본 이야기도 했다. 구제역으로 돼지들을 생매장한 곳 근처에서 취수한다는 소문에 특정 생수 브랜드를 마시기가 꺼려진다는 루머도 말했다. 그러나 진실한 마음으로 아픈 기억을 고백해 본 경우는 채 몇 번이 안 된다. 거의 없다. 나의 부끄러운 기억이 끈적끈적한 찌꺼기가 되어 마음에 엉겨 붙은 것일까. 마음이 무거운 것은 내가 스스로

---

14) GP는 철책 안쪽 DMZ 지역에 있는 소규모 군부대를 말한다. 내가 가본 GP에서는 반대편 북한 GP 모습이 흐릿하게 보였다.

잘 알고 있기 때문이다. 나는 "군 생활 잘한 놈"은 아니었다.

훈련병 시절 여자 친구의 이별 편지를 받고는 막사 뒤에서 울다가 들켜 곧장 '관심 병사 블랙리스트'에 올랐다. 자대에 가서는 운전을 발로 하는 바람에 저놈의 1호차 운전병 부사수 새끼가 우리 수송부를 다 말아먹을 것이라고 단단히 찍혀도 봤다. 나는 부대 조직의 쓴맛을 모르고 감히 '인권 선언'을 '씨부린' 헛똑똑이 이등병이었고, 후임 하나 제대로 갈구지 못하는 바보였으며, 밤을 새워가며 근무를 서고도 그놈의 교회에는 꼭 나가는 '돌아이'였다. 다시 말해 나는 감히 '군 생활 가이드'를 쓸 자격이 없는 사람인 것이다. 누군가 "군에서 뭘 배워 왔습니까?"하고 불시에 묻는다 하더라도, 나는 '모범 답안'을 자신 있게 말할 수 없는 녀석이다! 다만 기어들어가는 목소리로 답할 뿐. "어쨌든 나는 꾸역꾸역 1년 9개월의 시간을 그곳에서 견뎌 냈습니다. 그게 제가 유일하게, 제일 잘한 일입니다."

얼마 전, '임 병장 사건'이 뉴스로 보도될 때마다, 내 이름이라도 불린 양 화들짝 마음 한구석이 아렸다. 한 명의 어린 군인이, 부대 내에서의 왕따를 견디다 못해, 사람들을 죽이고 무장 탈영을 했다가 잡혔다. 용서받을 수 없는 짓이었다. 그런데 나는 그가 슬펐다. 어떤 한계가 그를 그 지경으로 내몰았을까. 나는 나머지 부대원들이 황급히 덮었을 법한 뒷이야기를 상상했다. 주변 사람들만 쉬쉬하며 조용히 넘겨버렸을 이야기의 조각들을 상상했다. 그리고 생각한다. 어쩌면, 1년 10개월을 견뎌낸 것은, 그 자체만으로도 축하와 격려를 받기에 충분한 자격이다.

위대한 인권 선언

많은 연예인이 악성 댓글에 시달렸다. 종종 돌이킬 수 없는 선택을 하기도 했다. 이런 슬픈 뉴스를 접할 때마다, 나는 그들이 좀 더 강한 마음을 먹었어야 했다고 생각했다. 궁지에 몰려도 정신만 똑바로 차리면, 빠져나올 구멍은 얼마든지 있다고 믿었기 때문이다. 내가 직접 당해보지도 않고!

2011년 1월 중순 저녁이었다. 아찔했다. 심장이 가슴 밖으로 터질 듯이 뛰었다. 목울대와 뒷골에선 시계 초침 돌아가는 소리가 울렸다. 침묵을 깨는 것은 두근거리는 거친 심장 박동뿐이었다. 고개를 푹 숙이고 있던 수십 명 선임들이 다 같이 고개를 들고 나를 쳐다봤다. 적의에 가득 찬 시선이 쏟아졌다. 순수한 분노가 담긴 시선이었다. 이건 분명 이전의 질책이나 인민재판[15]과는 확연히 다른 느낌이었다. 비로소 한계에 다다랐구나 싶었다. 모두들 분명히 눈으로 말하고 있었다. 사고만 치고 도움 안 되는 너 같은 것은 없어졌으면 좋겠다고 말이다. 수십 대 일의 기 싸움 같은 것은 없었다. 나도 그 안에서 후루룩 휩쓸리고 있었다. 민폐만 끼치는 나만 없어도 모두들 편할 것이라는 생각에 미치자 기분이 묘해

---

15) 제대로 된 절차나 체계 없는 무작위 즉결처단을 상징. 후임들을 집합시켜 놓고 선동해서 한 놈을 몹쓸 죄인으로 몰아세우는 악습. 무지몽매한 인민재판과 별다를 것이 없다고 비꼬았다. 마녀사냥.

졌다. 공중에 붕 뜬 것 같기도 하고 세상이 빙글빙글 도는 듯하기도 했다. 꿈속인가 싶다가도 내가 왜 갑자기 여기서 이렇게 서 있는지 알 수 없었다. 이러다 죽는 걸까 싶었다. 아니 차라리 확 피를 토하고 죽어버려서 지금 이 상황을 모면하고 싶은 충동이 일었다. 분명히 나는 비정상이었다.

내 직속 선임 운전병들에겐 운전이 종교였다. 운전은 삶의 이유였고, 그 높은 자존심의 근원이었다. 나는 그들의 생각에 동의할 수 없었다. 우리 부대 운전병들은, 다른 부대 사람들이나 예하 부대 운전병들, 심지어는 웬만한 우리 부대 간부들조차도 별것 아닌 사람들로 여겼다. 왜냐하면 '우리는 기본적으로 고위 장교들을 모시는 사단 운전병들'이기 때문이었다. 내가 보기에 이건 호랑이의 위세를 빌린 여우의 허세였다. 옛날 조선 시대에 세도가 댁 문지기 종놈은 자기 주제도 모르고 집 앞에 줄을 서서 굽신거리는 양반들에게 횡포를 부렸다는데, 이게 딱 그 꼴이었다.

이러한 자긍심의 정점에는 1호차[16]의 자부심이 있었다. 사단의 지휘자를 모신다는 것은 강력한 상징이었다. 애초에 나처럼 운전도 못 하는 녀석이 감당할 수 없는 1호차 운전병 낙하산을 탄 것이 문제였다. 학벌과 종교, 과히 크지 않은 키와 모나지 않은 인상 덕에 덜컥 사단장님 운전병 내정자로 간택됐으니, 1호차를 내심 기대하던 다른 경쟁자는 물론이거니와, 낙하산을 아니꼬워하는 선임들도 여럿이었다. '완벽한 1호차

---

16) 한 부대의 최고 책임자 전용 차량. 대대 1호차는 대대장 전용, 연대 1호차는 연대장 전용. 여기서 1호차는 사단장 전용 차량을 말한다.

부사수 만들기'는 사소한 꼬투리 잡기로 시작됐다. 가장 중요한 덕목인 운전 실력이 부족하니 잡고 늘어질 대의는 언제나 충분했다. 그러나 점점 나는 수송부의 문젯거리이자 구제불능 '돌아이 새끼'가 되어가고 있었다.

  확실히 나는 구제불능이었다. 난생처음 경험하는 노골적이고 호된 질책이나 감정 실린 시선은 큰 부담이었다. 혼이 빠질 정도로 갈굼[17] 받고 휘둘리니 어느 순간부터는 선임 질문에 바로바로 답할 수가 없었다. 분명히 여러 번 외우고 확인한 것인데, 선임들 앞에서 '구두시험[18]'만 보면 하얗게 질려버려 대답을 못 했다. 지금 중대 행정 사무실에 누가 있느냐는 질문에도, 누가 있는지 알면서 대답을 못 했다. 화장실에서 몰래몰래 수십 번씩 외워 놓은 예하 부대 이름과 위치를 그대로 까먹었다. 매일 바뀌는 암구어[19]를 미리 며칠 분씩 외워 두었지만, 옆자리 병장이 지나가다 한 번씩 물어보면 머릿속에 맴도는 단어가 입 밖으로 나오지 않았다. 나조차도 내가 싫었다. 어버버거리다가 연신 '죄송합니다'를 외칠 수밖에 없었다. "죄송합니다!"는 단순히 내가 질문의 답을 모른다는 문제가 아니었다. 그것은 내가 매우 멍청한, 그리고 작은 일에 불성실

---

17) 사람을 괴롭히고 못살게 구는 것. 군대에서 처음 들어본 말이었다.
18) 길이 몇 갈래로 갈라지느냐, 어느 부대로 향하는 길을 읊어보아라 하는 식의 길 암기 시험. 난이도는 신임의 기분에 따라 달라졌다. 길 도로번호를 외우는 것부터 지형지물, 과속카메라 위치까지 외워야 했다. 기억에 남는 시험은 용인에 다녀오고 나서 본 구두시험이었다. "송추IC에서 구리 방면으로 100번 도로인 서울외곽순환고속도로를 타고, 의정부, 별내, 퇴계원, 구리, 남양주, 토평 지나 한강 건너고 강일 지납니다. 상일 지나면 하남분기점인데 직진해서 35번 제 2 중부고속도로를 탑니다." "뭐, 새끼야? 몇 번?" "죄송합니다. 37번 제 2중부를 타고……." 언제나 미숙해서 혼날 거리는 수두룩하게 많았다. 내 선임들의 프로 정신에 찬사를 보낸다.
19) 적과 우리 편을 구별하기 위해 매일매일 바뀌는 암호.

한, 낙제 쫄병이라고 인정하는 대답이었다. 그럼 이내 나를 '충분히 훈련시키지' 못한, '죄 많은 내 선임들'을 부르러 뛰어다녀야 했다. 나의 잘못은 내 선임들의 죄목이었다. 병장이 한 번 잡도리를 하고 나면, 상병이 그 아래 후임들을 또 모았고, 최고 고참 일병이 또 아래 후임들을 데려다 놓고 '정신 교육'을 했다. 그럴 때마다 나는 줄줄이 면목이 없었다. 내가 정신적인 결함이 생긴 것은 아닌가 걱정스러워서 해리성 기억 장애[20]의 증세를 찾아보기도 했다. 머릿속이 공허해지고, 혀가 굳으면, 또 집합이었다. 처음에 내게 비교적 호의적이었던 선임들도 지쳐갔다. 또 임종인 저 새끼 때문이냐고, 소중한 자유시간을 박탈당한 짜증과 불평, 그리고 분노는 고스란히 내 몫이었다. 손바닥 뒤집듯 손쉽게 나는 중대의 멍청한 왕따가 됐다.

돌이켜 보면, 몇몇 선임들에게 나는 영 재수 없는 밥맛이었을 것이다. 그 녀석들은 자주 내 앞에서 얼마나 내가 멍청한지 보란 듯이 비웃으며 낄낄댔다. 그럴 때면 번번이 대학교 이름이 그들의 입에 오르내리곤 했다. 저런 새끼도 가는 대학이 뭘 명문대냐고. 명문대라는 거 별것 없다고 히히덕대는 모습이 나는 속상했다. 그럴때마다 나는 내가 한병태가 된 것 같은 기분이 들었다. 〈우리들의 일그러진 영웅〉에 보면, 엄석대에게 찍힌 전학생 한병태가 속수무책으로 왕따가 되는 과정이 나온다. 내가 딱 그 꼴이었다. 나는 50여 명이 훌쩍 넘어가는 엄석대들과 24시간을 함께하는 한병태였다. 70명 가까이 되는 시어머니들과 한집

---

20) 어디서 주워들은 심리학 전문용어. 과도한 스트레스 때문에 기억을 상실하는 증세라고 들었다.

에 사는 미운털 박힌 막내며느리였다. 그러던 중, 마침내 그날이 왔다. 나는 선임들의 바람에 부합할 것인지, 내 자존심을 지킬 것인지 둘 중의 하나를 선택해야 했다.

쫄병들뿐만 아니라 심지어 상병들까지 깨끗하게 쫓아낸 내무실에는 권력의 핵심들이 나를 기다리고 있었다. 상병 최고참들과 병장들이 내게 물었다. "만약 네가 일요일에 운행을 나가게 되면, 운행을 갈래, 교회를 갈래?" 교회 갈 시간에 경계 근무가 있으면, 가장 힘든 한밤중 근무를 자청하면서까지 교회를 가는 모습을 항상 아니꼽게 보던 그들이었다. 내 성경책을 들고 사이비 종교 단체를 흉내 내며 조롱하고 웃는 녀석들이었다. 성경책을 뒤져 안에 고이 끼워 둔 헌금을 꺼내 팔랑거리며 뭐 그딴 데 돈을 버리느냐며 괜히 한 마디씩 시비를 걸어왔다. 당연히 나도 눈치라는 것이 있는 바, 그들이 내게 기대하는 대답을 알고 있었다. 그들은 내가 자신들의 생각을 따르기를 바랐다. 당연히 "운행을 갈 것입니다"라는 대답을 바란 것이 확실했다. 그러나 나는 내 신념을 굽히고 싶지 않았다. 왠지 모르게 고작 2년 남짓한 군대에서 좀 편하려고 내 생각을 거짓으로 둘러대고 싶지 않다는 오기가 생겼다. 삶에서 중요하다고 생각하는 가치를 이 순간에 저버리면, 앞으로 남은 인생의 중요한 순간에, 내 삶의 중요한 가치를 똑같이 포기하게 될 날이 올 것만 같았다. 침묵은 짧았고, 망설임은 더 짧았다. 선임들에게 거짓말을 하지 않겠다. 나 자신도 놀랄 만한 침착함이었다. 말했다.

"그래도 교회는 가야 합니다."

이 말이 떨어지기가 무섭게 한 병장이 토악질하듯, 절규하듯 외쳤다.

"이 새끼 이거 완전 미친 새끼네!"

돌아온 주일에 나는 교회를 못 갔다. 교회에 가지 말라는 선임의 명령이었다. 이전에 내가 잘못해서, 실수해서 혼나는 것은 참을 수 있었다. 심한 욕설이 섞인 꾸지람은 어떻게 해서든지 참아낼 수 있었다. 그러나 이번에는 더이상 참을 수 없었다. 내 사고관과 신념을 기어이 흠과 꼬투리로 삼는 것은 더이상 참을 문제가 아니라고 판단했다. 나는 곧 인민재판의 자리에 섰다.

옆자리 병장이 왜 하필 운전병을 지원했느냐고, 오래간만에 따뜻한 말을 걸어줘서 마음을 살짝 놓았던 것이 문제였다. 개인 정비 시간도 있고, 따로 공부를 할 시간도 있기 때문이라고 답했다. 그는, 말인즉슨, 운전병이 편하기 때문에 온 것이 아니냐고 재차 물었다. 뭔가 이상해서 "그건 아닙니다"라고 했다.

"아니 공부하고 쉬고 하는 시간이 좋다며, 짬 차면 운전병 편하지 뭐. 아님, 나한테 방금 구라 깐 거야?"

"아닙니다."

"에이, 운전병 편하지. 나중에 좋아."

"예, 그렇습니다."

나는 마음 따뜻한 덫에 발을 넣지 말았어야 했다.

그날따라 액이라도 낀 듯, 수송부에서 온갖 짜증스러운 일이 많았다. 그 동네 말로 탈곡기 마냥 "탈탈탈탈 털렸다." 토요일에도 사단 운전병 쫄병들은 쉴 수가 없었다. 일병급 이하는 날이 어둡도록 쉬지도 못하고 손이 얼어붙을 것 같은 얼음물로 세차를 했다. 모두 피곤하고 신경이 날카로웠던 그 날, 나는 또 악마같은 그 병장의 명을 받잡아 "내 위부터 그 병장 아래까지"의 수십 명을 불러모았다[21]. 그놈이 예상치 못한 한마디를 던졌다.

"이 새끼는 운전병 편해서 왔다고 하더라. 니들이 좆나 빠져서 편하니까 이런 말이나 하는 거 아니야, 이런 찌끄레기 신병 새끼가. 후임 관리 똑바로 못해?"

내가 그동안 알고 있던 '관리'는 관계를 더 따뜻하게 배려해주는 것이었다. 그런데 이 동네에서 말하는 '관리'는 후임을 갈구고 못살게 굴어서 고분고분 말을 잘 듣게 만드는 계도과정이었다. 자대 배치를 받은 첫날, 수송 2분대에 들어가자마자, 마주한 것은 '관리의 현장'이었다. 군 홍보 영상에 주구장창 나오는 호기심 많은 고참들과 친절한 맞선임[22], 따스한 분대장[23]은 없었다. 바짝 질려서 서 있는 내 뒤에선, 병장의 마음을 상하게 한 작달막한 일병이 복날 개 패듯 맞고 있었다. 들자하니 언덕길을 오르던 와중에 기어 변경을 능숙하게 못 한 모양이었다. 운전 노하우를 가르쳐주기 위해 같이 탄 병장한테 눈치 없이 '한 번만 봐 주시면 안 되겠습니까?'하고 넉살을 떤 것이 하늘 같은 고참의 심기를 거스른 것이었다. 벌컥 문을 차고 들어온 병장은 군모를 바닥에 패대기쳤고, 문 앞에 멀뚱하니 서 있던 나는 눈알도 못 굴리고 그대로 얼어버렸다. 자초

---

21) 이것을 '집합'이라고 불렀다. 집합시킨 선임 아래 모든 후임들은 자유 시간을 박탈당하고 저녁 내내 잔소리와 폭언을 듣거나 혹은, 얼차려를 받기도 했다. 집합 이후에는 으레 '통제'가 걸리곤 했다. 예컨대 상병 이하 PX 통제, 전화 통제, 오락 통제 등의 부조리한 집단징계가 있었다. 이럴 때면, 후임들은 고참이 걸어 놓은 통제 제도의 부조리함에 분노하기보다, 문제의 발단이 된 힘없는 쫄병을 탓했다. 내 밑에 후임들 집합시키라는 고참의 말 한 마디는 스트레스와 공포 그 자체였다.
22) 바로 윗 선임.
23) 8~12명 정도로 구성된 분대의 장.

지종을 들은, 키 180이 넘는 건장한 군기반장 상병이 머리통만 한 주먹을 명치에 꽂아 넣을 때마다, 겨우 160센티나 넘을까 하는 일병은 도망도 못 가고 고통스러운 신음을 꾸역꾸역 삼켰다. 뺨을 맞고 밀려나가 총기 거치대에 처박히는 일병 선임의 모습을 보며 나는 피가 얼어붙는 듯했다. 영화에서나 보던 야만적인 폭력의 현장이었다. 불과 몇 시간 전에 훈련소 퇴소식에서 기대했던 이상적인 군대의 모습은 그 어디에도 없었다. 선진 병영은 거짓된 약속이었다. 하늘 같은 사단장님과 첫 악수를 하면서, "육군의 패러다임을 바꾸겠습니다!"라고 외쳤던 중대장 훈련병은, 그렇게 겁먹은 쫄병이 됐다.

주위에 아무도 없는지 다시 한 번 확인했다. 잠시라도 내가 눈앞에 안 보이면, 혹은 청소 시간에 몰래 전화 한 것을 들키면, 영락없이 나는 또 선임들을 모으러 다녀야 할 것이었다. 그렇게 조심스럽게 엄마한테 전화를 걸었다. 훈련소에서부터 군대가 힘들다고 단 한 번도 칭얼댄 적이 없었는데, 막상 엄마 목소리가 귀에 울리자 목구멍이 턱 하니 막혀 왔다. 떨리는 목소리로 딱 한마디를 했다. "엄마, 숨이 막힐 것 같아요." 빛바랜 생명의 전화 스티커도 거짓말이었다. 시달리는 쫄병은 눈물 훔치는 것도 사치였다. 허겁지겁 돌아와, 도대체 어디 있었느냐는 차가운 시선을 느끼며 청소를 했다. 그날 밤 나는 냄새나는 침낭 속에서 이를 악물고 잠을 청해야 했다. 3개월 어치의 분노가 고스란히 내 안을 채웠다. 햄릿은 죽느냐 사느냐를 고민했고, 나는 죽을까 죽일까를 곱씹었다[24].

---

24) "죽느냐 사느냐 그것이 문제로다." 셰익스피어 희곡 〈햄릿〉의 명대사.

목을 매든지, 옥상에서 뛰어내리든지. 또 유서는 어떻게 어디에 숨겨야 할지. 이미 내 일기장도 샅샅이 뒤져 보는 이 지독한 선임들에게서 어떻게 유서와 "살생부[25]"를 감춰야 이 사실을 언론에 알릴 수 있을지. K2 소총은 공포탄을 쏴도 2미터 내에서는 사람이 죽을 수 있다는데, 만약 총소리가 나서 단 한 놈만 죽일 수 있다면 누구를 골라야 할지······. 온갖 잔학한 상상을 하는 동시에, 이런 무서운 상상을 하는 나 자신에게 경악했다. 대답 없는 신을 불렀다. 죽을 것 같습니다. 나 자신이 역겹습니다. 지켜주세요. 내가 사고를 치는 것은 두렵지 않았으나, 이후에 우리 가족이 겪을 아픔을 생각하니 콧속이 시큰해졌다. 그날 밤 신은 끝끝내 침묵했다. 가족을 떠올리며 소리 없는 울음을 들썩인 후에야 비로소 잠들 수 있었다.

---

25) 나를 죽음에 이르게 한 선임들의 괴롭힘을 낱낱이 고발해서 법적인 대가를 치르게 할 계획이었다.

배신의 이유를 말하다

모든 농담에는 날카로운 뼈가 있다. '우리의 주 적은 북한이 아니라 간부'라는 사병들의 공공연한 뒷담화와 조롱은 절대로 쉽게 넘겨서는 안 될 말이다. 이 말 안에는 '소모품으로 징집된 사병'이 '자원한 군 간부'로부터 느끼는 심리적 거리감과 이질감이 짙게 배어 있기 때문이다. 먼 옛날 중국에서는 백성을 잘 다스리고 민심을 읽기 위해서 저잣거리 아이들의 노래까지도 조사하는 관원이 있었다는데, 수십만 사병들의 사소한 농담에 귀 기울일 줄 아는 노력과 그로부터 우리의 군대를 더 건강하게 만들 수 있는 대책을 강구하는 과정이 얼마나 적극적으로 이뤄지고 있는지 모르겠다. 물론, 자신의 맡은 바 임무에 충실히 힘쓰는 사명감 넘치는 군 간부들이 훨씬 더 많다. 그러나 번번이 발생하는 나쁜 소식들에 더 신경이 쓰이는 것을 어찌하랴. 미꾸라지 몇몇이 온 물웅덩이를 다 흐리고 다니는 것은 하루 이틀 일이 아닐진대.

2015년의 군대가 어떤지는 잘 모르겠다. 그러나 내가 군 생활을 할 무렵, 우리 부대에는 '우리들만의 리그'가 있었다. 간부가 이해할 수 없는 우리들만의 규칙이 있었고, 우리들만의 문화가 있었다. 그리고 우리들만의 '응징과 처벌 방식'이 있었다. 이러한 경험 때문에 나는 부대 내 따돌림이나 가혹행위가 부대 지휘관의 징계 사유가 되는 것이 과연 합당한 것인지 궁금했다[26]. 물론 누군가 도움을 요청했는데 지휘관이 이를 무시해서 결국 불미스런 사건이 터졌다면, 그것은 마땅히 지휘관의 책임 사유가 되어야 한다. 그러나 내가 생각하기에 대부분의 불미스런 일들은 간부들의 사각지대에서 이뤄진다. 예를 들어 부대 내에 CCTV를 더 많이 달아 놓은들 그것이 정말 따돌림과 폭력을 방지하는 효과를 낼까 싶다. 아무리 CCTV를 많이 달아 놓아도, 간부들이 불시에 순찰을 돌아도, 그곳에 사는 병사들이 느슨한 구석을 더 잘 알기 마련이다. 나도 카메라의 사각지대에서 맞아가면서 '관리'를 받은 적이 있으니 말이다.

여하튼, 선후임 간의 질서와 규칙은 아주 견고했다. 그중 하나가 바로 '절대 간부에게 꼰지르지(고자질하지) 않는다'였다. 논리는 아주 단순 명쾌했다. 쫄병은 힘들고, 고참은 편해야 한다는 것이었다. 쫄병들이 힘들고 귀찮다고 엄살을 피우며 "우리의 규범"을 간부들에게 일러바치면, 깐깐하게 원리원칙을 따지는 간부들은 상병장들을 귀찮게 만들 것이 뻔했다. 그러면 나중에 고자질한 쫄병들이 고참이 됐을 때, 자신들이 예전 고참들에게 떠넘겨버린 귀찮고 힘든 일을 자기들이 하느라 불편을 겪을 것이라는 논지였다. 요컨대 누워서 침 뱉기라는 것이었다. 선임들은 간부들, 특히 장교들을 싸잡아 사병들의 현실과 문화도 모르면서, 우리를 귀찮게 하는 '적'이라고 했다.

---

26) 무히 병사들 사이의 문제 때문에 자기 진급이 막히거나 피해를 입을 수 있어서, 간부들은 불미스러운 사건만 나면 문제를 파헤치고 해결하기보다 무조건 쉬쉬하며 사건을 부마하고 덮어버리기에 급급하다는 불신의 말들이 사병들 사이에 공공연하게 떠돌았다.

27) 예전에는 소원수리라고 불렸던 내부 고발 시스템. 거의 있으나마나 한 경우가 많았다. 비밀이 지켜지는 경우보다는 내부고발자로 찍혀서 중대장부터 상병장 선임들에 이르기까지 모든 사람들의 지탄 대상이 될 가능성이 절대적으로 높다. 다시 한 번 말하지만, 마음의 편지 내용은 아주 손쉽게 공개된다. 부대원 모두에게.

한 달에 한 번씩 있는 '마음의 편지[27]'는 본래 간부들이 사병들의 실태를 진지하게 파악하는 방법이었다. 그러나 마음의 편지를 작성하기 전에, 쫄병들은 고참들의 일장 연설과 따뜻한 협박을 듣곤 했다. 누가 길게 쓰는지 안다는 등, 행정병들이 다 처리를 하기 때문에 누가 뭘 썼는지 다 볼 수 있다는 등, 옛날에 선임을 찌른 어떤 등신 같은 녀석이 있었다는 등……. 그래서 마음의 편지는 대부분 형식적이었다. 현 상황에 만족한다는 무성의한 대답을 쓰기도 했고, 밤에 TV를 더 보게 해달라고 하거나 부대에 현금 인출 ATM기기를 설치해 달라는 등의, 현실성이 떨어지는 바람들이 대부분이었다. 정작 심각한 이야기들은 나오지 않았던 것 같다. 후임을 엎드리게 한 다음에 뺨을 발로 찬 선임이나, 건물 뒤에서 방탄모로 후임 머리를 후려갈긴 선임, 경계 근무가 3일씩 돌아오므로 '퐁당당퐁당당'이 되어야 하는데 이런저런 선임들이 대신 근무를 내보내는 바람에 '퐁당퐁당'도 모자라 '퐁퐁퐁퐁' 근무를 서서 잠이 항상 부족했던 쫄병 이야기 등은 없던 일들로 넘어갔다.

법은 멀고, 주먹은 가까웠다. 쫄병들은 선임들로부터 항상 다분히 협박 조의 실패담만 들었다. 부대원들을 "배신"하고 고자질한 녀석들은 정신상태가 나약한 멍청이들이었고, 자기 한 몸 편해 보겠다고 착한 선임들을 나쁜 놈으로 만들어버린 이기적인 녀석들이었다. 고자질하려다가 되려 들켜서 혼쭐이 났다는 등, 다른 부대로 전출을 갔는데 거기서도 적응을 못 하고 등신 취급을 받는다는 등 배신자를 향한 온갖 조롱이 더해졌다. 결말은 항상 "그런 등신이 되지 말자"였다.

그리고 나는 "그런 등신"이 되어야겠다고 생각했다. 선임들을 고자질해야만 했다. 바야흐로 금기인 "선임 찌르기"를 시도해야 할 시점이었다. 수백 번 생각해도 어쩔 수 없는 차선책이었다. 그것은 내가 나를 지킬 수 있는 유일한 방법이었다. 배신자의 낙인이 찍혀도, 내가 나와 남을 망가뜨리는 것보다 백배 천배 나았다. 왜냐하면 나는 이미 악에 받쳐서, 불침번도 구석에 가서 잠든 한밤중에, 뭐라도 홀린 듯 곤히 잠든 악마 선임을 쳐다보곤 했기 때문이다. 물컥물컥 노골적인 분노와 충동이 일었다[28]. 살인자보다는 배신자가 나았다. 자살보다는 선임을 찌르는 것이 나았다.

---

28) 이때 사고를 치면 영락없이 사형이라는 생각을 하며 참아낼 수 있었다.

배신자가 되겠습니다

마음의 편지와 별개로, 군 생활의 어려움을 알릴 수 있는 일반적인 방법이 있기는 했다. 그것은 보고체계였다. 분대장과 면담을 하는 것이 그 첫 단계였다. 분대장이 자신이 알게 된 분대원의 어려움을 소대장과 중대장에게 보고하고, 사안의 중요도에 따라 더 높은 지휘관에게까지 보고 내용이 전달되는 시스템이었다. 그러나 이 시스템에는 가장 큰 결함이 있었으니, 바로 분대장이 내 편이 되어주지 않는다는 점이었다. 심지어 중대장님 앞에서도 나의 발언권이 얼마나 먹힐지 장담할 수 없었다. 나를 변호해 줄 사람이 없었다. 그래서 나는 보고체계 대신, 외부 인맥을 동원했다. 건너건너 아는 분을 만났다. 그분은 천사였다.

연락이 닿은 주 토요일에 천사가 우리 부대에 왔다. 선임들은 유난히 관심을 기울였다. 한 시간 정도 천사가 찬찬히 나의 이야기를 들어 줬다. 울컥 목이 메었다. 누군가 내 마음속 이야기를 들어준다는 사실 자체가 중요했다. 토로할 수 있는 것만으로도 감사했다. 한참 내 이야기를 들은 천사는, 내가 매우 어려운 상황에 처했다고 진단을 내려줬다. 그리고 생활관에 들어가서 선임들에게 아무 말도 하지 말라고 가르쳐 줬다. 용기를 내라고, 힘을 내라고 격려해줬다. 아니나다를까 생활관으로 돌아오자마자 선임들은 내게 천사의 정체를 득달같이 물었다. 나는 대답하지 않고 둘러댔다. 잘 아는 분이 잘 지내고 있는지 한 번 확인차 오셨다고 말이다. 그들의 눈에 동요와 불안이 보였다. 더 이상 두렵지 않았다. 내 마음은 확고했다. 나는 배신자가 될 것이었다.

나는 선임들만 배신한 것이 아니었다. 중대장님과 수송관님, 정비관님 등 직속상관들도 믿을 수 없다는 생각을 하고 있었으니 말이다. 나는 직관적으로 알 수 있었다. 힘들다고 어쭙잖게 일러바치면, 오히려 나만 더 이상한 녀석으로 몰려서 더 힘든 상황에 처할 수도 있다고 말이다. 차라리 큰 문제로 쾅 터뜨리는 것이, 내게는 좋았다.

주말이 지나고 부대의 가장 큰 어른이신 사단 주임 원사님의 호출을 받았다. 부대 교회에서 몇 번 얼굴을 뵌 분이셨다. 주임 원사님은 자초지종을 들으신 후 보다 잘 적응할 수 있는 다른 부대로 옮길 것을 추천해주셨다. 감사했지만, 이 부대에 남아있겠다고 말했다. 가끔 배신자의 낙인이 힘들 때, 나는 이 선택의 순간을 종종 되새기곤 했다. 왜 떠날 수 있는데 굳이 남아 있었는가. 그러나, 골백번 다시 생각해도 남았던 것이 옳았다.

옛날 군대에는 소위 "줄빠따"라는 것이 있었다고 했다. 오밤중에 최고참이 후임들을 줄 세워두고 "빠따"라고 불리는 몽둥이찜질을 하고 나면, 그다음 순번 고참이 또 한 번 몽둥이찜질을 하는 식이라고 했다. 그렇게 줄줄이 맞다가 보면, 부대 막내는 수십 대의 구타로 엉덩이가 너덜너덜해진다고 했다. 하도 밤마다 맞아서, 빠따를 안 맞는 날이면 오히려 잠이 안 왔다는 이야기도 들었다. 그런데 그 줄빠따 악습을 거부한 몇몇

분들이 있었다. 선임이 건네는 빠따 몽둥이를 거절하고 후임을 때리지 않은 사람들이 있었다고 했다. 그리고 그 양심적인 사람들이 고참이 됐을 때, 부대에 "줄빠따"는 없었노라고 했다. 군에 입대하기 전 나는 이 작은 영웅들이 매우 멋있다고 생각했다.

그들은 선망의 대상이었다. 나도 작은 영웅이 되고 싶었다. 내가 지금 이 부대를 떠나는 것은 절호의 기회였지만, 나 다음 순번으로 나처럼 나약하고 적응을 못 하는 녀석이 이 부대에 들어오면 어떡하나 싶었다. 나야 부모 잘 만나고 인맥 튼튼해서 이런 과분한 도움을 받을 수 있지만, 정말 비빌 언덕 하나 없는 힘든 녀석이 오면, 누가 그 녀석을 도와줄까 싶었다. 우습게도 관심병사가 아직 오지도 않은 미래의 관심병사를 걱정했다. 그래서 그 자리에서 결심했다. 내가 이 악물고 버티고 버텨서 상병장이 되겠다. 적어도 내가 고참의 자리에 있는 동안에 후임들이 인격적으로 모욕을 당하거나 의도적으로 불이익을 받지 않도록 하겠다. 간부의 영역과 사병의 영역이 다르다면, 나는 사병의 영역을 지켜보겠다는 결심이었다. 신병교육대를 졸업하면서, 사단장님과 약속한 "패러다임 바꾸기"를 이뤄 낼 기회였다. 게다가 다른 부대로 소속을 옮기고, 나를 괴롭혔던 선임들로부터 도망가는 것은 결국 그들이 시시덕거릴 자랑거리를 하나 더 만들어주는 것밖에 안 됐다. 등신 같은 자식 하나 우리가 쫓아냈다고 말이다.

오기가 생겼다. 앞으로의 험난한 군 생활을 정면 돌파하기로 마음먹었다.

불가촉천민

　사단 주임원사실 문을 열고 나왔다. 아니나 다를까 운전병 선임 한 명이 몰래 동태를 살피고 있었다[29]. 곧이어 부대에 내려가자마자 행정보급관님이 부르셨다. 행정보급관님은 비밀을 담보하며, 일의 세세한 자초지종을 들으셨다. 그러나 안에서 나누는 대화가 다 들리는 문 바깥에선, 중대 선임들이 무슨 일이 일어나고 있는지 온 중대에 보도할 준비가 되어 있었다. "여기는 인권의 사각지대입니다"라는 쫄병의 선언에 부대가 들썩였다. 며칠 동안 중대와 수송부를 오가면서 온갖 말을 들었다. 찌를 테면 찔러 보라는 식으로 몇몇 용감한 선임들은 되려 으름장을 놓았다.

　내가 이 부대에 그대로 있는 것이 확정된 순간, 무엇이 문제의 본질이고 원인이었는지는 더 이상 규명할 필요가 없어졌다. 다만 그것 하나 못 참고 엄마한테 꼰지른 나약한 배신자 새끼만 남았다. 역고소하듯이 선임들은 내가 보고 체계를 무시했으니 헌병대에 신고한다고 영창 갈 준비나 하라고 윽박질렀다. 자기는 힘들어도 부모님께 내색 한 번 안 하는 효자였는데, 너는 부모님께 쓸데없는 이야기를 해서 걱정만 끼치는 불효자라고 비난했다. 그렇게 교회가 좋으면 가서 군종병이나 하라고 조롱했다. 밤에 몰래 내 옆으로 찾아와 눈을 번뜩이면서 너처럼 유

---

29) 운전병들의 정보 전달 속도는 매우 신속했다.

난스레 교회를 가겠다고 하는 녀석이 오히려 이단이라고 매도하기도 했다. 24시간 내내 피할 곳이 없었다. 선임들은 내게 운전 교육을 시키면서 더 이상 손찌검을 하지 않았다. 대신 차가운 벽을 만들어버렸다. 마치 내 존재가 사라진 느낌이었다. 무시당하는 시간이 지나자 나는 더 심한 조롱의 대상이 됐다.

내가 고발한 선임들은, 시뻘겋게 독이 올랐다. 전역을 앞둔 권력의 핵심들이 고이고이 모아 둔 휴가를 잃어버렸기 때문이다. 처분은 거기에서 끝이었다. 사단 운전병이 부족했기 때문이리라. 잘못을 저지른 정치인이나 재벌들이, 높은 자리를 맡을 유능한 인재가 없다는 핑계로 은근슬쩍 자신의 잘못을 덮고 자리를 보전하는 것과 크게 다르지 않았다. 나는 내가 찌른 선임들과 여전히 같은 중대, 같은 내무실에서 지내야 했다. 심지어 내 자리는 내가 찌른 병장 옆 자리였다. 이미 각오한 바였지만, 그들은 존재만으로도 나를 압박했다. 그리고 직접적인 괴롭힘이 사라졌다.

관심 병사가 되어 버리는 순간, 날 향한 관심은 거짓말처럼 뚝 끊어지고 말았다. 선임들과 겪는 갈등을 본질적으로 해결해주는 대책은 없었다. 관심 병사는 더러워서 피하는 똥이요, 건드려서 좋을 것 없는 존재였다. 무엇을 하더라도 뒤에서 욕을 먹었고, 온갖 귀찮은 잡일에는 첫 번째로 동원됐다. 잉여 인간[30] 취급을 받았다. 내가 충분히 듣고 또 들

---

30) 쓸모 없이 남아도는 인간. 나는 마치 손창섭의 소설 〈잉여 인간〉의 소외된 존재들 같았다.

을 수 있도록, "저 새끼 얼마든지 또 선임을 찌를 수 있으니까 조심들 하라"는 말을 내 면전에서 나눴다. 노골적인 멸시의 대상이었다. 내게 찔린 선임들이 있는 동안 나는 중대의 불가촉천민[31]이었다. 한 번 천민의 굴레는 쉽게 지워지지 않았다. 나는 내가 찌른 선임들이 모두 전역하는 그 날까지 배신자의 굴레를 등 뒤에 짊어지고 살았다.

---

31) 인도의 카스트 계급에 속하지도 못했던 최하층 천민. 몸만 닿아도 더러워진다고 여겨졌다.

올챙이 시절을 기억하라

딱 한 번, 내가 왜 선임을 찔러서 이 고생을 사서 할까, 왜 내가 도망을 안 가서 이 수모를 겪는가 후회한 적이 있다. 내가 찌른 선임이 괴롭혀서가 아니었다. 이미 그 녀석들은 전역한 지 오래였다. 윗몸 일으키기를 잘 못 해서 상병을 못 달았지만, 바야흐로 일병 8개월 차, 군대가 어떻게 돌아가는지 몸에 잡히는 때였다. 하나둘 늘어가던 후임들이 어느덧 중대 절반 남짓을 채우고 있었다. 웬만하면 선임들이 짬 대우를 해준다면서, 질책하거나 건드리지 않는 시기였다. 쫄병보다 고참에 아주 쬐끔 가까운 위치였다.

내 후임들도 모두 다 쳐다보는 앞에서 느닷없이 한 선임이 폭발했다. 1호차에 눈독을 들이고 있던 터라 내가 전입 온 첫날부터 나를 아니꼽게 보던 녀석이었다. 내가 선임들을 찌르고 관심병사가 된 이후에도 나를 집요하게 물고 늘어지는 악질 녀석이었다. 문제는 이랬다. 일요일 저녁에 다른 부대 교회에서 위문 공연차 악기를 연주했는데, 사단장님 사모님께서 한마디를 하셨다는 것이었다. "저 아이는 운전병인데 악기를 한다"고 말이다. 1호차 운전병은 즉시 돌아와 부대에 여차여차한 이야기를 전했다. 어느새 소문이 선임들 사이를 한 바퀴 돌고 나니 사단장님 사모님께서 "쟤는 뭔데 운전병이 운전은 안 하고 악기나 하고 돌아다니느냐"며 일침을 가하신 것으로 알려졌다. 온갖 억측과 살을 더해서, 나는 수송부 욕을 먹이고 다니는 녀석이 됐다. 이 상황을 알 리 없는 내가 돌아오자마자 악질 선임은 내게 잘못한 것을 실토하라고 추궁했다. 알 리가 있나. 마침 운동 중이었던 악질 선임은 내게 다가와 홧김에 손에 잡은 줄넘기를 내 면상에 휘둘러 던졌다. 놀라고 아픈 것은 둘째치고 후임 보는 앞에서 맞은 것에 자존심이 매우 상했다. 하도 순식간에 일어난 일이라 피하지도 못했다. 곧바로 내 인격과 정체성을 완전히 갈아버리는 폭언이 줄줄 쏟아졌다. 어떤 연유가 있었는지 정확한 상황을 알지 못하는 후임들 앞에서 나는 졸지에 사회 부적응자이자 분노를 유발하는 배신자 새끼, 상종 못 할 비웃음거리가 됐다.

정황을 알고 난 이후에도 악질 녀석은 오해를 풀지 않았다. 그리고 기회만 나면 나의 과거를 "부끄러운 것"으로 만들어서 여기저기 떠벌리고 다녔다. 그리고 그것이 참 많이 속상했다. 직접 나를 괴롭힌 선임들이 떠났다고 나에 대한 비난이 사그라든 것이 아니었다. 나의 과거를 아는 후임들은, 비록 대놓고 비웃진 않았지만, 들은 것이 있어서 종종 나를 무시하는 태도를 보였다. 내가 내 후임 "관리"를 엄하게 할 위인이 못 되어서였을까, 아니면 그마저도 "배신의 대가"였을까. 어리숙한 선임으로 보이는 것은 꽤나 속상한 일이었다.

내가 고참이 된 후에도, 그 악질 선임은 조롱과 비방의 시선을 놓지 않았다. 나는 그 녀석이 너무 미워서 마음속으로 온갖 저주를 다 퍼부었다. 다른 후임한테 찔려서 확 그냥 영창에라도 갔다 왔으면, 혹은 다리라도 부러져 오랫동안 군 병원 신세나 졌으면 했다. 그러나 이런 간절한 바람은 소용이 없었다. 그는 구질구질할 정도로 건강하고 건재했다. 나중에는 차라리 그를 축복하는 기도를 했다. "아이구 주님, 제발 저 새끼 완전하게, 온전하게 군 생활 다 채우고 건강하게 딱 전역만 하게 해주세요. 그 이후에 절대로 다시 보는 일이 없도록 해 주세요" 하고 말이다. 그러나 이 기도는 결국 이루어지지 않았다. 젠장할. 그 녀석은 단기 하사까지 해 가면서 내 전역날까지 나와 함께 했다. 결국 나는 행정병에서 왕고참으로 있는 병장 시절 내내, 같은 행정실에서 띵까띵까 휴대폰 게임이나 해 가면서 시간을 때우는 악질 선임을 끝까지 보필해야 했다. 내과거를 거론하면서 "이 자식 그래도 사람 됐다"고 놀려대는 그놈 눈치를 봐 가면서, 날 비웃는 농담에 실실 웃는 후임들과 같이 억지로 웃는 척을 하면서.

전역하는 전날 저녁, 그 녀석이 던진 한마디가 아직도 생생하다.
"너, 솔직히 그때 네가 잘못한 거 인정하지?"

기어이 내게서 항복을 받아내겠다는 그 집념만큼은 인정해 줄 만했다. 나는 모든 역경을 흔들림 없이 이겨내며 단 한 번도 내 선택을 아쉬워하지 않는, 그런 지독한 녀석은 못 됐다. 후임들 앞에서 놀림거리가 될 때마다 나는 수없이 짜증스러웠다. 그러나 단 한 번도 나의 결정을 부끄러운 것으로 치부해 본 적은 없었다. 결코 내가 잘해서 만들어진 결과라고 말할 수는 없지만, 어쨌든 내가 고참 노릇을 하는 동안에 우리 부대에는 예전처럼 무식하고 노골적인 폭력은 거의 일어나지 않았다. 나는 적어도 내 손에 들어온 "빠따"를 휘두르지 않으려고 노력했다. 전역하고 시간이 한참 흐른 후에, 이런 미친 생각도 해 봤다. 어쩌면, 그 악질 녀석이야말로, 고참인 내가 쫄병의 아픔을 잊지 않도록 한 존재는 아니었을까. '내가 관심병사의 슬픔을 잊지 않고 계속 나 자신을 돌아보도록 도와준 "나쁜 천사"는 아니었을까' 하고 말이다.

　다시 생각해보니, 확실히 미친 생각이다.

통과 의례의 기술

엄마가 생각한 가장 중요한 군대 준비물은 아가씨 사진이었다. 연상 연하를 막론하고 여자 사진을 무조건 많이 챙겨가라고 성화였다. 그래 야 군대에서 선임들이 쫄병을 더 예쁘게 봐준다나. 물론, 나는 당연히 사진을 챙기지 않았다. 그것은 88년도 올림픽 시절 이야기라고 생각했 다. 그래도 기어이 엄마는 아들에게 몇 장의 사진을 보내 주었는데, 당 연히 온갖 포토샵 효과로 이리저리 거짓말을 하는 요즘 셀카와는 거리 가 먼 사진들이었다. 보정 하나 없는 적나라한 사진이었고, 얼굴보다는 마음이 더 아름다운 "자매들"의 사진이었다. 피 끓는 청춘이 생각하는 예쁜 여자 사진이 아니라, 인생 풍파를 다 겪은 아줌마의 기준에 부합한 사진이었다[32]. 마치 자극적인 라면 수프 맛에 길들여진 아이들이 평양 냉면의 깊고도 슴슴한 맛을 거부하듯, 그 사진들은 오히려 역효과를 초 래했다. 나는 그 사진을 관물대 깊이깊이 감춰두고 혼자서만 가끔 꺼내 봤다.

군대의 통과 의례는 결국 선임들의 장난질이다. 성 경험을 이야기 해보라든지, 개인기를 해 보라든지, 혹은 짓궂은 행동을 시켜 본다든 지. 어리바리한 신병은 고참들의 지루한 일상에 불어온 작은 신선함이

---

32) 여전히 엄마가 생각하는 아름다운 아가씨와, 내가 생각하는 예쁜 여자의 기준은 하늘과 땅 차이다.

다. 이러한 심리적 배경을 이해하면, 십분 가벼운 마음으로 통과 의례에 임할 수 있다고 생각한다. 포기하고 즐기면 된다. "아, 나는 장난감이구나."

조금 더 심각한 통과 의례는 쫄병의 시행착오다. 이것도 그리 걱정할 필요가 없다. 군대에서 나고 자란 사람이 아니고서야, 실수하지 않는 쫄병은 없다. 당연히 그간 살아온 세계와 군대는 경험도 문화도 많이 다르기 때문이다. 다시 한 번 말하지만, '박해'받지 않는 쫄병은 없다. 에이스인 줄로만 알았던 듬직한 선임이 쫄병 시절에 여기저기 욕먹고 다녔다는 이야기를 듣고는, 속으로 고소해 마지않았다. "그래, 너도 한 마리 군바리에 지나지 않는구나." 사람마다 필요한 시간의 차이가 있지만, 어쨌든 시간이 흐르면 군 생활에 익숙해지기 마련이다. 그렇게 차곡차곡 짬이 채워지면 어느새 선임이 되어 있다.

정작 선임이 되고 보니, 자의식이 강하고 말 잘 안 듣는 후임이 참 힘들었다. 왜 쫄병이 더 호되게 혼나는지 알게 됐다. 말하자면, 기를 완전히 꺾어 선임의 위상을 높여야 쫄병이 말을 잘 듣기 때문이다. 탁월한 권력의 기술이다. 나는 이 방법이 싫었는데, 이런 식으로 후임을 다루면, 유난히 착한 녀석들이 자기 자신을 잃어버리기 쉽기 때문이다. 대체로 유순하고 책임감이 있으며, 다른 사람의 말을 귀 기울여 잘 듣는 착한 녀석들이 쫄병 길들이기의 희생양이 된다. 생각이 많아서 자꾸 자신의 실수를 곱씹기 때문이다. 내 경험에 의하면, 죽어라 혼나고도 또 뒤돌아서면 곧장 까먹는 넉살 좋은 녀석들이나 아예 싫은 소리 듣는

것이 익숙할 정도로 여기저기 닳고 닳아 온 기센 녀석들이 군 생활을
잘 했다. '너는 떠들어라 나는 내 길을 간다'라는 막가파 스타일이 딱 군
대 체질인 것이다. 어린 양 같이 순진무구하기만 해서는, 확실히 내 꼬
라지 난다.

진즉에 이런 현실적인 조언을 알았더라면! 그럴듯한 사탕발림과 도
덕책에 나올 만한 일 처리 방식에 속아 넘어가진 않았을 텐데. 어려움이
있거든 보고 체계에 따라 분대장에게 속 이야기를 다 털어놓아야 한다
든지, 군대에서 겪는 어려움을 뭐든지 참아야 한다든지, 혹은 부대에서
일어난 일들은 모두 기밀이므로 밖에다가 힘들다고 이야기해서는 안 된
다는 등의 어림 다짐 등을 다 믿을 필요는 없었다.

말이 쉽지 실천하는 것은 어렵겠지만, 마음 약한 쫄병들은 선임의 위
협에 '마이동풍'하는 자세를 갖춰야 한다. 선임이 몇 시간이나 고래고래
화를 내질러도 결국 쫄병에게 영양가 있는 교훈은 고작 두세 마디를 넘
지 않는다. 무엇을 잘못했다는 지적 사항과 앞으로 어떻게 하라는 지시
사항, 그리고 '앞으로 그러지 말라'는 한 마디가 전부다. 그 외에는 어떤
말이든 귀담아듣고 신경 쓸 필요가 없다. 왜 실수를 했는지 알고, 어떻
게 실수하지 않을 수 있는지를 알고, 또 앞으로 실수하지 않아야겠다고
다짐하면 그만이다. 그 외에 쏟아지는 염려나 폭언, 저주 따위는 마음
에 새길 가치가 없다. 그 정도 말에 자존심 상할 필요가 없다. 옛날 중
국에서 항우와 유방이 싸울 때, 유방의 브레인이었던 한신의 일화가 있
다. 젊은 시절 한 불량배가 시비를 걸면서 한신에게 자기 바짓가랑이 사

이를 걸어가라고 했다. 훗날 천하를 들었다 놨다 할 한신이 고작 그까짓 일에 이를 부득부득 갈아가면서 바짓가랑이 사이를 기어갔을까. 아마 실실 웃어가면서 아무 일 없었던 듯 툭툭 털고 일어났을 것이다. 이처럼 굳이 '쫀심' 상할 것 없다[33]. 기꺼이 선임의 요구를 넉넉히 따라 줄 필요가 있다. 쓸데없는 이야기라도 명심하는 척만 하면 된다. 카리스마 수송관의 명언이 있다. 겉모습이 군기의 9할을 보여준다고 했다. 사람이 어떻게 사람 속을 알 것인가. 원하는 대로 맞춰 주면 어려울 일이 없다.

다시 말하지만, 착하게만 살아온 순둥이일수록 의식적으로 선임들의 폭언을 일일이 고민하지 말아야 한다. 마음이 여려서 부담을 느낄수록, 혼날 만한 실수가 잦아지는 법이다. 그러면 뒤이어 무력감과 자기혐오가 부쩍부쩍 자라난다. 모든 문제의 원인이 결국 나라는 생각에 미치게 되면, 이윽고 모든 책임을 스스로 지고 가야 할 것만 같아진다. 나만 없으면 모든 문제가 해결될 수 있을 것 같은 생각이 들 수도 있다. 악마의 유혹이다. 스스로는 자신이 책임감 있게 모든 잘못을 지고 가는 희생양이라고 여길지 모르나, 실제 모습은 낑낑대는 어리석은 강아지다. 전투에서 용감하게 전사하거나, 다른 사람을 위해서 의롭게 죽는 경우가 아니라면, 군대에서의 죽음은 허망한 것이다. 현충원에 모셔진 용감한 아들보다, 안전하게 집에 돌아오는 조금 모자란 아들이 더 눈물겹게 고마운 법이다[34].

---

33) 진짜 자존심 높은 사람은 작은 일에 개의치 않으니!
34) 물론 나라와 민족 공동체를 위한 희생과 타인을 위한 살신성인은 눈물겹도록 고결한 것이다. 그러나, 나는 차마 억울하게 부조리에 희생당한 아들을 가슴에 묻는 부모의 심정을 헤아릴 수조차 없다.

그러나 언어폭력이 견딜 수 없을 정도가 되거나, 비상식적인 수준의 구타가 단 한 번이라도 가해지는 경우에는 절대로 참아서는 안 된다[35]. 상식을 넘어서는 것에 저항할 줄 알아야 한다. 도저히 받아들일 수 없는 상황에는 맞서야 한다. 시간이 지나면 점점 나아지는 괴롭힘은 많지 않다. 모 아니면 도이다. 아예 더 이상 나 자신을 못 건드리도록 만들지 않으면 안 된다. 그것은 괴롭힘당하는 사람뿐 아니라 괴롭히는 사람들을 위해서라도 근절해야 할 문제이다. '참으면 윤 일병, 못 참으면 임 병장'이라고 했다.

도저히 언어폭력과 구타, 혹은 따돌림을 참을 수 없을 때는, 오히려 흥분하지 말고 계산을 잘해야 한다. 가장 중요한 것은 물증을 남기는 것이다. 가해자들의 핑계를 막아버릴 증거들이 필요하다. 하다못해 언제 어떤 일들이 있었는지를 세세하게 기록해 놓는 것이 중요하다. 눈에 보이는 증거가 없이는 언제든지 역으로 피해자가 거짓말쟁이가 될 수 있다. 두 번째로는 도움을 줄 수 있는 사람에게 도움을 요청해야 한다. 내 어려움이 주변에 알려지는 것으로 인해 직간접적인 피해를 보지 않는 사람이어야 한다. 예컨대 분대장, 소대장, 중대장, 심지어 대대장으로 이어지는 보고체계는, 역으로 "무마 체계"가 될 수 있다. 사단급의 큰 부대에 알리든지, 국방부 직할 조직에, 혹은, 군 인권을 위해 일하는 외부 시민 단체에라도 알려야 한다. 필요하다면, 국방부 장관에 메일을 보내거나, 언론에 알리기라도 해야 할 것이다. 어차피 내 몸을 지키기 위해 저항하기로 마음먹었으면, 최선을 다해야 한다. 그

---

35) 구타와 부조리가 습관처럼 가해질 수 있기 때문이다.

래야 안전을 보장받을 수 있다.

자기 몸을 자기가 스스로 지키는 것이 가장 중요하다. 부대 내에서 살아내는 것이 힘겨운 어린 군바리들이 꼭 기억했으면 한다. 폭력에 휘둘리지 않는 여유를 가질 것. 그리고 저항해야 할 때 현명하고 지혜롭게 최선을 다할 것. 그 어떤 순간에도, 자기 한 몸 건사하는 것이, 끝까지 버티고 살아남는 것이 중요하다는 것을.

대동여지도를 떠나보내며

땀과 손때로 얼룩진 수제 지도를 가슴주머니에 넣고 다녔다. 지도라기보다는 낙서에 가까웠다. 복잡한 사단 예하 부대 위치와 세밀한 길들을 깨작깨작 그려놨다. 부대 번호들을 다 외우고 나자 고생했다면서 아부지 선임이 그려 준 운전병의 보물이었다. 절대 잃어버리거나 들키지 말라고 신신당부를 했다. 예전에는 영내 지도를 갖고 있는 것을 들키기만 해도 부대가 발칵 뒤집힐 정도로 혼이 났다고 했다. 군부대의 위치는 적군에게 알려져서는 안 되는 2급 기밀이기 때문이라고 했다. 기밀이라는 말에 바짝 긴장했다. 아부지 선임은 열심히 공부하라고 말하며 내 귀를 연신 만지작거렸다[36].

곧 화장실에서 볼일을 보는 시간이 길어졌다. 한 번 들어가면 세 번씩 지도를 보고 나왔기 때문이다. 경계 근무가 없는 밤엔 침낭을 뒤집어쓰고 몇 번씩 지도를 외웠다. 운전을 못 하니, 외우는 것으로라도 명예를 회복해야 할 참이었다. 그러나 훈련소 졸업 이후 내 머리는 돌이 됐기 때문에, 시험을 볼 때마다 꼭 몇 개씩을 못 써내곤 했다. 괜히 덜 중요한 세부 내용을 그럴듯하게 적어내서, 까분다고 혼나곤 했다. 지형물을 외우는 것도 곤욕이었다. 어디가 흙길이고 포장도로인지, 몇 개의 횡단보도가 있는지, 어디에 과속 카메라가 있는지를 외웠다. 운전 연습을

---

36) 이 아부지 군번 선임은 자기 기분이 좋으면 팔을 후임 어깨에 두르고 귀를 만지작거리는 습관이 있었다. 나는 그 느낌이 정말 싫었다.

나가도 바짝 얼어버려서 앞만 보고 달리는 나이기에, 길 주변을 살필 여유가 없었다. 카리스마 수송관은 나보고 말(馬)이라고 했다[37]. 이러나저러나 내다 버릴 수도 없는 나는 모자란 운전병이었다.

불안한 것들은 여지없이 현실이 된다. 나는 기어이 2급 기밀을 민간인 나라 우리 집에 홀랑 두고 와 버렸다. 신나게 놀고 쉬어야 하는 첫 휴가 때, 까불면서 집에서도 길 공부를 한답시고 몰래 지도를 가지고 나온 것이 화근이었다. 민간인 나라가 어찌나 평등하고 아름답고 인격적이고 좋았던지, 나는 군인 물건들을 모조리 내 방에 던져두고 4.5 초짜리 휴가를 즐겼다. 휴가 복귀하는 날에도 여전히 자유의 향기에 취해서 군번 줄 챙기는 것도 잊어버리고 집을 나섰다. 군번 줄을 찾으러 다시 집에 들르면서까지도 그놈의 '기밀 문서'는 새까맣게 까먹고 있었다. 분명 긴장이 풀려 정신을 놓은 것이었다. 중대장님과 행정보급관님께 복귀 전화 연락을 드릴 때도, 당직 사관에 복귀 신고를 할 때도, 심지어, 가장 싫어하는 선임이 의심 가득한 눈초리로 휴가 중 사고 친 것 없느냐고 심술궂게 물어봤을 때도 나는 당당했다. 모범적으로 완벽한 휴가를 마무리했다고 생각했다. 그리고 그 자신감은 전화 부스에서 끝이 났다.

이상한 번호가 적힌 그림 쪼가리를 놓고 갔다는 소리를 듣자마자 혁 하면서 가슴주머니를 뒤졌다. 없었다. 하마터면 수화기를 떨어뜨릴 뻔

---

37) 경마장에서 말이 양 옆을 못 보도록 특수한 눈가리개를 한다. 그럼 경주마는 앞만 보고 주구장창 달리는 것이다. 운전이 미숙해서 오로지 앞만 보고 직진만 하는 나는 영락없는 눈가리개를 쓴 비루 먹은 말이었다.

했다. 앞에서 담배를 피우는 선임들이 혹여나 통화 내용을 들었을까 심장이 쿵덕거렸다. 영창도 가고 군 교도소에도 가고, 인생에 빨간 줄을 긋게 되는 것은 아닐까. 과연 2급 기밀 누출 죄의 형량(?)이 얼마나 될까. 지도를 우편으로 부쳐주면 되냐는 엄마의 말에, 절대로 보내 줄 필요가 없다고, 중요한 것이니 절대 다시 보지 말고 잘 감춰두라고 몇 번이고 강조했다. 군 전화는 기무대에서 모두 다 도청한다는데, 금방이라도 잡혀갈까 봐 삐질삐질 비지땀이 났다. 그래도 하늘이 불쌍한 나를 봐줘서 그날 밤 선임들이 주관하는 지도 외워서 그리기 시험은 보지 않았다. 그리고 나는 동기의 지도를 빌려서 삐뚤빼뚤 어설픈 복사본을 그럴듯하게 그려 놓았다.

그런데 시간이 지날수록 뭔가 이상했다. 부대 위치가 그렇게 중요한 기밀이라면, 왜 우리 사단 앞 사거리 버스 정류장 이름은 버젓이 '00사단 앞'이었을까. 왜 선임들은 오늘 운전 중에 길이 헷갈려서 택시 아저씨한테 길 방향을 물어봤다며 시시덕거렸을까. 마침내 나는 동네 택시 아저씨들도 머릿속에 대동여지도를 하나씩은 품고 다닌다는 사실을 알게 되었다. 그래서 한 번 시험 삼아 한 택시 기사님께 부대 위치들을 여쭤 봤다. 세상에나. 부대 이름과 위치가 문제가 아니었다. 부대의 역사와 근방 지리의 변천사까지 줄줄줄줄 꿰고 계셨다. 내가 만약 몰래 남한에 넘어온 간첩이라면, 목숨 걸고 2급 기밀을 캐고 다니느니, 차라리 택시 기사님 한 분을 납치하는 게 훨씬 효율적이겠다고 생각했다.

챙겨가야지 챙겨가야지 하면서 번번이 까먹는 바람에, 하늘도 울

고 나도 울고 세상도 눈물지은 전역의 그 날까지 꼬질꼬질 대동여지도
는 내 방구석에 남아 있었다. 하도 접었다 폈다 손때를 발라 놓아서 이
젠 글씨조차도 희미했다. 미군들과 같이 군 생활을 하신 카투사[38] 출신
이모부 할아버지는 군에서 맞아가며 외운 것들이 수십 년 세월이 흘러
도 여전히 기억에 남아있다 하셨지만, 내 머릿속에 담긴 길들과 부대 번
호들은 어느새 누렇게 희미해졌다. 이제 와서 한 번 그려 보라면 몇 개
나 그려낼 수 있을까. 더 이상 필요 없는 과거의 유품을 버리기 전에 괜
히 마음이 시원섭섭했다. 이게 뭐라고 그렇게 마음 졸이며 품에 품고 다
녔는지. 지도에 밴 땀 자국이 짠했다. 사각사각 종이 썰리는 소리가, 추
억의 모퉁이를 저며내는 듯했다. 그렇게 눈에 익고 손에 익은 '대동여지
도'를 훌훌 떠나보냈다.

---

38) KATUSA. 주한미군 한국군지원단.

하나님의 눈물

굼벵이도 구르는 재주가 있다고 했다. 내게 군대에 딱 맞는 신체 조건이 하나 있었다. 바로 코끼리 가죽만큼 튼튼한 발바닥이었다. 나는 행군의 신에게 축복이라도 받고 태어난 모양이다. 입대 전에 군인 사진을 찾아봤을 때, 행군을 마친 군인의 발 사진을 보고 덜컥 겁을 먹었지만, 내게 그런 영광의 상처는 한 번도 없었다. 기껏 훈련소에 챙겨간 물집 방지용 스티커나 스타킹을 쓸 일도 없었다. 결국 발바닥 패드 스티커는 별 모양으로 오려서 전투모에 붙여가며 장군 놀이에 써먹었고, 스타킹은 야한 농담 소품으로 써먹었다[39].

자대에서도 40Km 야간 행군 한 번 다녀오면, 분대 후임은 발바닥에 피물집이 터져 며칠 동안 벽을 짚고 걸어 다녔지만, 나는 슬쩍 발바닥이 뜨끈뜨끈하다가 말았다. 뭐든 잘하면 좋아하는 법이라고, 믿기지 않겠지만, 나는 행군을 좋아했다. 상병이 된 이후에 뒤늦게 들어간 수송부 행정반의 잉여자원이어서 행군 인원으로 발탁되기도 했지만, 짬이 차서 눈치껏 행군을 빼먹을 수 있는 상황에도 자원해서 '야간 산책'을 다녀오곤 했다. 이런저런 생각을 하면서 걷는 시간이 좋았다.

---

39) 장군 놀이를 하던 당시 우리 내무반은 별들의 잔치였다. 너는 합참의장, 너는 육군 참모총장, 나는 겸손하게 제 1 야전군사령관. 마찰을 줄여준다고 가져간 검은 스타킹은 팔에 쭉 끼우면 그럴듯한 각선미 자태가 났다. 훈련소에서 우리는 반쯤 정신이 나갔었다.

산속의 밤은 도시의 밤보다 짙다. 휴전선과 채 20Km도 떨어지지 않은 산자락에 이백여 명의 어린 군인들이 뜨거운 숨을 토해내며 걷는다. 10분짜리 휴식 시간이면, 모두들 군장을 멘 상태로 벌러덩 나자빠져 누워 말없이 밤하늘을 응시하곤 한다. 부산스러운 소리 너머에선 밤의 소리가 들린다. 햄버거 빵에 뿌려 놓은 깨알 같은 별 아래 소쩍새가 울고 저 멀리 동네에선 잠에서 깬 개들이 짖는데, 바스락대는 밤벌레들이 여기저기 귀를 간지럽힌다. 소변을 보네 담배를 피우네 하며 북적이는 사람들 가운데에서 느끼는 묘한 적막과 고독은 운치가 있다. 나홀로 거대한 밤을 마주하는 느낌이었다. 온갖 공상과 상상으로 수놓는 밤은 꽤 중독성이 있었다. 저잣거리에서 은거하는 도인의 마음과 크게 다르지 않았다. 쉬는 시간 초코파이 한 입 베어 물고, 멍하니 어둠을 바라볼 때, 한 마리 반딧불이라도 반짝이며 날아가면, 감성으로 넘치는 완벽한 밤이 완성되는 것이다.

문제는 감동을 함께 나눌 사람이 없었다는 것이다. 지치고 피곤하고, 고통스러운 훈련 중에 나 정도 수준의 '변태 감성'을 공유하기는 불가능했다. 오히려 쥐어박히지나 않으면 다행이었다. 모두 죽을상을 쓰고 있는데 홀로 실실거리면서 좋아라하고 있으니, 가끔 이상한 놈 취급받는 것도 무리는 아니었다. 나는 그마저도 즐거웠다. 날 보고 어이없어하는 선임들의 모습을 보는 것도 꽤 즐길 만했다. 점점 '돌아이'가 됐기 때문일까, 아니면 원래부터 돌아이였던 녀석이 제 본모습을 깨달은 것일까.

때는 바야흐로 유격 훈련을 마치고 돌아오는 행군 길이었다. 산길을 뱅글뱅글 돌다가 비로소 평지에 내려와 저수지 옆에서 휴식을 취했다. 그날따라 컨디션도 좋았다. 힘겨웠던 유격 훈련을 끝낸 성취감도 가득했다. 가능하다면, 며칠이고 이 밤길을 걷고픈 마음이었다. 실낱같은 바람이 방탄모 위를 훑고 지나갔다. 청개구리도 잠든 깊은 밤, 적막한 저수지에서 아주 작게 물거품 터지는 소리가 들렸다. 비라도 한줄기 그을 것 같은 하늘을 보니 글 한 토막이 생각났다. 비를 '하나님의 눈물'로 그려 낸 권정생 선생님의 동화였다. 옆에 발라당 누워버린 선임한테 기운이라도 북돋울 겸 말을 건넸다[40].

"비가 내리면, 마른 땅에 딱 닿는 첫 방울이 있지 않겠습니까?"
"어."
"다른 물방울보다 앞서서 맨 처음으로 땅을 적시는 1등 물방울 말입니다."
"어, 그게 왜."
"그거 신의 눈물방울일지도 모릅니다."
"……"
"땅이 그동안 지치고 고생했다고 위로하고 적셔 주는 그 첫 빗방울은, 연민 섞인 하나님의 눈물일지도 모릅니다."
"…… 하아…… 미친 씨발."

미친놈은 약도 없다는 표정으로 그는 고개를 절레절레 저었다. 나는

---

40) 정말로 기운을 더해 줄 의도였다. 약올리고 기운 빼려고 건넨 말이 아니었다.

그때 정말 머리가 어떻게 됐었는지, 그 진저리치는 반응조차도 내심 즐거웠다.

오지랖 넓은 내 혓바닥이 천기를 누설한 까닭일까. 나 때문에 하나님이 쌍욕을 먹어서 그랬을까. 그때부터 행군의 막바지 한 시간 반 동안 죽어라 비가 내렸다. 완벽했던 밤은 '고난의 행군[41]'이 됐다. 여기저기 구멍 나고 썩은 우비를 뒤집어쓰고 앞이 보이지 않는 비를 맞으며 걸었다. 곰팡내 풀풀 풍기며 쫄딱 젖은 모양이 하나님의 눈물보다는 오줌을 맞은 것에 가까웠다.

그때 내 옆에 앉았던 모 상병아, 내가 미안.

---

41) 원래는 90년대 중반 북한의 식량난 시기를 지칭하는 말. 이날 비오는 들판을 걸어가다가 문득 고난의 행군 생각이 났다. 왜 그랬을까?

신의 선물

306 보충대에서 한 녀석이 씩 웃으며 작은 천 주머니를 꺼냈다. 반입 물품 검사를 할 때 몰래 숨겨둔 것이었다. 자기는 입대를 피할 방책이 있다고 머리도 안 깎고 온 녀석이었다. 목침 베개 반 만한 크기의 작은 주머니에는 제법 많은 사탕과 초콜릿이 담겨 있었다. 그놈의 탈출 실패를 기원한 내 바람과 달리, 결국 그 녀석은 보충대에서 빠져나갔다. 작은 위문품 주머니 하나를 남기고. 나는 아직도 그 녀석의 군 면제 비법이 뭐였는지 궁금하다.

5주 동안 훈련소에서 박박 기는 내내, 머릿속에서 그 작은 주머니가 떠나질 않았다. 훈련이 고될수록 이백 하고도 예순 명의 동기들은 하나같이 단맛과 지방의 금단 증세에 시달리고 있었다. 사탕 하나가 아쉬웠고, 고소한 기름기가 눈에 선했다. 먹을 것이라고는 말 그대로 군대 짬밥밖에 없었다. 조교들은 그득그득 맛있는 고기반찬을 산더미같이 담아 갔지만, 훈련병들은 조금은 억울한 배식을 받아야 했다[42]. 밥은 평소 먹던 양의 3배씩은 담았는데, 반찬은 딱 한 숟가락뿐이었다.

3주차 즈음에는 기어이 일이 나고야 말았다. 배식 후 남은 돈까스를 음식물 쓰레기장에 버리러 간 녀석들이 돌아오지 않은 것이다. 제일 무

---

42) 생활관마다 돌아가면서 배식 당번을 했다. 친한 놈은 더 많이 주고, 덜 친한 놈은 조금 주고.

서운 조교가 그 녀석들을 찾아갔을 때 그의 눈에 들어온 것은 음식물 쓰레기장 한쪽에서 버려야 할 돈까스를 꾸역꾸역 입에 욱여넣고 있던 몇 마리 짐승이었다. 흙먼지 묻은 주머니에 몰래 감춰두려던 돈까스 몇 개마저도 들켰다. 현장에서 검거된 '인면수심'들은 너무나 초라하고 불쌍한 꼴을 하고 있었다. 나는 그 이야기를 듣고는 속이 확확 달아오를 정도로 웃겼는데, 점점 웃음이 슬퍼졌다.

또 내 동기 '알래스카'는 훈련장으로 걸어가면서 가을 산에 여기저기 떨어진 야생 밤을 주워 먹기도 했다. 그건 우리가 아는 튼실한 밤이 아니었다. 고작 엄지손톱 만한 쬐깐한 밤이었다. 그 녀석이 그걸 하도 맛있게 먹어서, 나도 한 번 밤을 주워 씹어먹어 봤다. 거지도 이런 상거지 떼가 없었다. 게다가 위생 수준도 참 열악했다. 훈련병 2개 중대가 식수대에서 나눠 쓴 물컵이 단 3개였다[43]. 이상한 병에 안 걸린 것이 천만다행이다. 사람이 얼마나 환경에 잘 적응해서 살 수 있는지를 그곳에서 몸소 배웠다.

그래서 나는 치약과 칫솔로 빡빡 윤을 냈음직 한 '훈련소 스튜디오'에서 찍은 모 군대 예능 프로그램만 보면 화가 난다. 거짓말쟁이들! 이것은 예능이라고, 조작된 뻥이라고 확실하게 밝혀내든가, 아니면 진짜 군대의 "쌩얼"을 제대로 보여주든가! 멀리서 보니까 희극이다. 가까이서 보면 서글픈 비극인데[44].

한편 유일하게 당분과 지질에 대한 욕구를 해갈하는 기회가 있었으

---

43) 한 중대가 200명은 넘었으니, 우리는 모두 간접키스를 한 셈이다.
44) 찰리 채플린이 그랬다. "인생은 가까이서 보면 비극인데, 멀리서 보면 희극이다."

니, 그것은 바로 종교 활동 시간이었다. 우리들의 갈대 같은 신앙의 기준은 간식 종류였다. 자기는 종교가 없다고 주말을 보낸 녀석들이 얼마 뒤에는 천주교 성당에서 세례명을 받아오고, 또 법당에서 법명을 받고 나서, 일요일 저녁 교회에 얼굴을 비치기도 했다[45]. 영혼과 정신을 살찌우는 것보다, 눈앞의 입을 만족하게 하는 것이 더 중요했다.

"야, 오늘 법당에서는 '몽쉘[46]' 몇 개 줬냐?"

"천주교에서는 피자 먹었다더라. 콜라도 줬대."

이런 이야기를 들을 때마다 신앙의 절개를 지키는 것이 힘겨웠다. 목사 아들마저도 법당의 몽쉘과, 천주교의 피자가 솔깃했으니 말이다. 내가 '몽쉘'보다 콜라보다 피자보다 주님을 사랑했다. 그리고 주님이 내 맘을 알아주셔서, 개신교 세례식 때 나는 햄버거와 콜라를 받아먹었다. 주님의 살과 피 같은 햄버거와 콜라였다[47].

평소 교회에서 받아오는 초코파이는 딱 두 개였다. 법당은, 적어도 두 개보단 많았다. 훈련병들이 초코파이를 부대로 몰래 가져가는 것을 막기 위해, 우리는 조교들이 보는 앞에서 초코파이를 다 먹어야 했다. 그리고 포장지 두 개를 딱지로 접어서 내야 했다. 그래서 나는 잔머리를 굴렸다. 조교가 보지 않는 사이에 포장 비닐 하나를 둘로 찢어 반쪽짜리 딱지를 두 개를 접어 내곤 했다. 남은 초코파이를 주머니에 불룩하게 넣으면 들킬까 봐, 군화 고무링 위 바짓단 속에 남은 초코파이 한 개를 숨

---

45) 여러 가지 의미로 종교의 다양성이 보장되는 곳이었다.
46) 초코파이보다 부드럽고 고급스러운 식감의 초코 과자. 단박에 떠오르는 롯데제과의 그 제품이 맞다.
47) 떡과 포도주로 행하는 성찬식 만큼이나, 깊은 감사와 감동으로 받아 먹고 받아 마셨다.

겼다. 바스락거리는 작은 소리가 어찌나 긴장되는지! 생활관으로 돌아가는 내내 나는 유난히 큰 소리로 구령을 맞추곤 했다. 뭐라도 잘못해서 다 같이 오리걸음 기합이라도 받으면, 목숨같은 초코파이가 다 뭉개질 것 아닌가!

초인적인 인내심으로 나는 초코파이를 자그마치 4개나 모았다. 나는 그것을 야간행군 때 먹기로 했다. 하루에도 몇 번씩 초코파이를 감춘 군장 가방을 눈길로, 손길로 쓰다듬었다. 보기만 해도 마음이 든든해지고 평온해졌다.

그러던 어느 날, 위기가 왔다. 유격 체조[48]를 배운 날이었다. 나는 완전히 지쳐버려서, 국방의 의무를 다하고 가족을 지킨다는 숭고하고 아름다운 긍지보다 한 입의 현실적인 위로가 필요했다. 바야흐로 삶의 의미를 확인할 순간이었다. 당시 내가 있던 신병교육대는 새 막사를 짓느라 훈련병들이 여기저기 컨테이너에서 생활했기 때문에 조교들의 눈을 피하기는 어렵지 않았다. 동기들이 자리를 비운 틈을 타 나는 초코파이를 주머니에 쑤셔 넣고 안전한 곳을 찾았다. 짙은 어둠이 내린 늦은 저녁에, 내가 결국 찾아간 곳은 공사장 옆 푸세식 화장실이었다. 온갖 이름 모를 벌레들이 암모니아와 메탄의 기체를 헤매는 곳이었다. 그러나 초코파이의 달콤함은 위대했다.

양옆 간에 동기들이 푸지게 똥 싸는 소리를 들으며, 나는 그 달콤함

---

48) 유격 훈련을 받기 전, 갑자기 근육을 다칠까봐 평상시 별로 안 쓰는 근육을 부드럽게 풀어주는 체조라고 했다. 그러나 유격 체조 한 시간만 하면, 온몸에 알만 배겼다.

을 오래도록 씹었다. 그것은 고된 훈련 가운데 잠깐 스치는 행복의 은총이었다. 가을의 애상을 말하는 것은 사치였다. 익어가는 가을밤, 시월의 어느 밤, 아직 쫄병 계급장도 못 단 훈련병이, 조준을 잘못해서 발밑 여기저기에 똥 딱지가 엉겨 붙은 푸세식 화장실에 쪼그려 앉아, 삶의 가치를 묵상하며 행복하게 글썽거렸다.

책상은 책상이다

　2011년 정초부터 나는 위대한 '내부 고발자'의 자리에 등극했다. 그
곳에서 나는 불신이 생존에 얼마나 중요한 것인지를 배웠다. 믿지 못할
사람에게 속내를 밝히는 것은 자신을 옭아매는 멍청한 일이었다. 내가
털어놓은 진심과 고백은 그다지 비밀로 지켜지지 않았다. 오히려 다른
선임한테 혼날 때, 책잡히는 빌미로 돌변해 내가 변명조차도 못 하는
꼬투리가 되곤 했다[49]. 심지어 선임들이 내 관물대를 열어 일기를 들춰
보고, 다른 간부에게 그 내용을 고자질한 적도 있었다. 카리스마 수송관
은 아버지 같고 좋지만, 정비관은 그 인간됨이 아주 실망스럽다고 욕을
써둔 일기장 내용을 정비관이 고스란히 알고 있었다. 그는 어른스럽지
못하게 내가 쓴 일기 내용을 운운하며 굳이 치졸한 모습을 보였다[50]. 나
는 그에게 혼나는 것보다도, 내 비밀스런 기록이 밝혀진 것에 매우 화
가 났다.

　아마 몇몇 선임들은 내가 삼엄한 감시 아래 있다는 것을 알게 해주고
싶었던 모양이었다. 그들은 교묘한 회유책과 협박도 섞어 썼다. 군대에

---

49) 이런 과정을 몇 번 반복하고 나니, 속마음을 털어놓으며 믿고 의지할 만한 선임이 보이지 않았다.
50) 처음 만난 날, 내 면접을 본다면서 대뜸 김일성을 어떻게 생각하냐고 물었다. 한 번 사내로 태어났
　　으면 그 정도 권력은 누려봄직하다고 하면서. 솔직히 나는 그때 이 사람을 신고해야 하나 고민했
　　다. 가을이면 밤 주우러 다니는 것이 취미였으며, 자기가 과속해서 카메라에 찍히고는 나한테 죄를
　　뒤집어씌우기도 했다. 유일하게 내가 답답하고 불쌍하게 생각한 간부였다.

서 힘든 일들을 다 부모님께 말씀드리면, 부모님께 걱정만 끼치는 자식이 아니겠냐는 절절한 훈계도 있었다. 기무대에서 항상 전화 통화 내용과 편지 내용을 검열하기 때문에, 다시 한 번 군 내부의 일이 민간에 알려지면 너는 영창 행을 피할 수 없을 것이라는 겁박도 있었다. 나를 걱정해주듯이, 부대와 대의를 생각하는 듯이 말하고 있었지만, 실상은 어떻게 해서든지 내가 다시 배신을 때리지 못하도록 하려는 것이었다. 나는 그들의 속셈이 빤히 보였지만, 잘 알았다고, 명심하겠다고 대답하며 그들의 염려를 조금은 덜어줬다.

그래서 '책상은 책상이다' 작전이 시작됐다. 〈책상은 책상이다〉는 어렸을 때 읽은 책이었는데, 거기에서는 물건 이름을 자기 마음대로 바꿔서 나중에는 다른 사람들과 말이 안 통하게 된 사람이 나온다. 이 작전의 핵심은 모든 군대 용어를 우리 가족끼리 통하는 암호로 만드는 것이었다. 원래 책에서는 이름을 바꿔 쓴 사람이 굉장히 쓸쓸하고 외로운 결말을 맞이했지만, 나는 달랐다. 암호를 주고받는 가족이, 마음을 털어놓을 사람들이 있었기 때문이다.

훈련은 '운동회'라고 불렀다. 행군은 '산책'이라고 불렀다. 조금 더 응용해서 '여름 운동회'는 유격이었고, '겨울 운동회'는 혹한기였다. '밤 산책'은 야간 행군이었다. 이런 식으로 허술한 암호문이 만들어졌다. '내일 밤에 산책이나 다녀올게요,' '다음다음 주에 여름 운동회가 있어서 연락을 못 해요' 라든지, '내일모레 겨울 운동회인데 캠핑장이 추워서 걱정이에요'라고 말이다. 번역하면, 유격 훈련이 있어서 집에 연락을 못 한다는 알림이었고, 내일모레부터 혹한기 훈련인데 훈련장이 춥다는 투정이었다. 그런가하면 상황을 반대로 말하는 반어법도 종종 써먹었다. 오늘 밤은 산책을 나가게 돼서 기분이 '정말정말 나쁘다'는 등, 새로 온 신병이 '정말정말 똑똑하고 말도 너무너무너무너무 잘 들어서 행복하다[51]'는 등.

그러자 놀라운 일이 벌어졌다. 이렇게 가벼운 말로 일상을 바꿔 쓰는 것만으로도 군 생활이 만만해지기 시작했다. 훈련이라고 하면 괜히 부담스러운데, 운동회라고 부르면 한결 마음이 가벼워졌다. 텐트를 치고 며칠씩 밖에서 자는 훈련은 '캠핑 놀이'였고, 흙바닥에 한데 둘러앉아 먹는 전투식량은 '도시락'이었다. 지겨운 야간 경계 근무는 '별구경'이 됐다. 가끔씩 국지도발 훈련을 한다고 부대에 침투한 대항군을 잡는 '술래잡기'도 재미가 있었다. 나도 모르게 점점 군대 일상은, 스트레스가 아니라 재미삼아 넘길 만한 놀이와 일상이 됐다.

그러고 보면 〈책상은 책상이다〉의 주인공이 슬퍼졌던 것은 그가 말을 다 바꿔버렸기 때문이 아니었다. 다만, 그의 곁에 자기 생각과 마음을 나눌 수 있는 사람이 없었기 때문이었다. 그가 외로웠기 때문이었다. 그에게 친구가 있었더라면, 책의 결말이 아주 행복하지 않았을까.

---

51) 내가 이 녀석 때문에 화가 머리 끝까지 나서 담배를 피운 적이 있다. 담배를 피우면 화가 가라앉는다는 것이 진짜인가 싶어서. 딱 한 번 훅 빨아들인 연기 한 모금에 하늘이 누래지고 목이 칵 막히더니 곧이어 콜록콜록 기침이 터져나왔다. 정신없이 콜록이는 기침이 안 멎는 바람에 정신이 없어서 후임한테 왜 화났는지를 까먹어버렸다. 확실히 효과가 있긴 했다. 그렇게 첫 일탈은 평생의 금연을 다짐하는 해프닝으로 끝났다.

그렇다. 군대가 아무리 힘들더라도 마음을 터놓고 믿을 수 있는 한 사람이 있었다면, 언론에 비치는 아픈 비극들이 그렇게 쉽게 벌어지지만은 않았을 것이다. 오히려 마음을 나눈 동료들끼리 서로 위로와 여유를 얻고, 새로운 시각과 새 힘을 얻을지언정! 상상조차도 마음이 섬뜩하지만, 만약에 내가 '재입대'를 할 일이 생긴다면, 나는 군 생활을 힘겨워하는 친구의 옆을 지키겠노라.

운전이 서러워

나는 이제 운전을 제법 잘 한다. 확실히 사람이 맞아가면서 배운 것은 잘 안 까먹는다. 규정 속도도 기가 막히게 잘 지키고, 능구렁이 담 넘듯 과속방지턱을 넘어가며, 부드럽고 깔끔하게 브레이크를 밟는다. 친구 녀석한테 매우 젠틀하게 운전을 한다는 칭찬도 여러 번 들었다. 격세지감을 느꼈다. "니가 젠틀함 뒤에 숨겨진 눈물을 알어?"

아버지는 아들이 비서병이나 운전병이 되어서 '높은 분'을 모셨으면 했다. 책임지는 리더를 옆에서 보고 삶의 태도를 배워 오라는 취지였다. 결국, 나는 장군을 모시진 못했지만, 대신 온갖 다양한 사람들을 만나는 귀한 경험을 하고 왔다. 운전병을 하면서 택시기사의 마음을 헤아려도 보고, 행정 계원을 하면서 사무직 직장인의 처지를 가늠해보기도 했다. 군종병들을 만나면서 조직관리를 배웠고, 군악대에서 음악 하는 친구의 이야기도 많이 들었다.

306 보충대에서 군사령부 비서병을 뽑을 때, 나는 아버지의 희망 사항이 곧 이뤄지는 줄 알았다. 그런데 아무래도 아빠가 말로만 아들이 장군 비서병과 운전병이 됐으면 좋겠다고 하고는 기도를 게을리 한 모양이다. 최종 단계인 무작위 뽑기에서 똑 떨어지고 말았다. 헛헛한 마음으로 내무실에 돌아와 보니 이미 운전병 지원 절차도 끝난 참이었다. 이제

나는 영락없는 땅개 신세였다. 나는 왠지 1111 소총수라는 보직 이름이 서글펐다. 전쟁 영화에서 소총 한 자루만 들고 적들이 포진해 있는 고지로 뛰어 올라가는 총알받이들이 제일 불쌍했는데.

그러던 어느 날, 훈련소에 작업복을 입은 한 아저씨가 나타났다. 카리스마 수송관과의 첫 만남이었다. 그는 뭔가 아우라가 달랐다. 그간 훈련소에서 본 병장들은 진짜 군인인지 아니면 민간인인지 모를 정도로 군기가 빠지고 요령을 피웠는데, 미스터 카리스마가 데리고 온 병장은 장군이라도 모시고 온 양 군기가 바짝 들어있었다. 우리도 훈련병 3주차의 눈치가 있어서 덩달아 긴장했다. 군기 바짝 든 병장이 말해주기 때문이었다. 옆에 아저씨가 얼마나 무서운 사람인지를.

어떤 차를 얼마나 몰아봤는지, 학력은 어떠한지, 키와 몸무게는 어떠한지 여러 질문들이 우리를 훑고 지나갔다. 난생처음 레토나[52]라는 군용 트럭도 타 봤다. 딱 타 보기만 했다. 오래간만에 타 보는 수동 차량이라 시동 거는 법도 까먹었다. 병장은 어이없는 한숨을 한 번 쉬더니, 수송관에게 돌아가 이 녀석은 도저히 못 써먹겠다고 보고했다. 그런데 이게 웬일! 운전은 가르쳐서 써먹으면 된다는 카리스마의 한 마디에 나는 덜컥 간택되고 말았다. 내 생활기록부에 크게 '지휘부 운전병'이라고 썼다. 카리스마가 만족스럽다는 듯이 말했다. '오늘 물건 하나 건졌다'고.

불행히도 나는 기대하는 수준의 물건이 아니었다. 적어도 운전으로

---

52) 소위 짚차라고 불리는 군인 차.

말할 것 같으면, 폐급[53]에 가까웠다. 군 면허 시험도 가까스로 합격했다. 면허 시험을 보러 간 그 날 연평도에 포격이 떨어졌다. 갑자기 대대적인 비상이 걸려서 시험장은 난리법석이었다. 말년 병장이 심심해서 함께 와 있었는데, 포격 소식을 듣는 순간 그의 얼굴이 확 굳어졌다. 나는 오늘같이 일진이 뒤숭숭한 날에 운전면허 시험에 떨어지면 수송부에 돌아가서 죽을 거라고 생각했다. 이를 악물고 시동을 꺼뜨리지 않기 위해 최선을 다했다. 무식하게 엄청난 반클러치를 써 대는 바람에 차는 망가졌겠지만, 겨우겨우 턱걸이로 합격은 했다[54].

사단 사령부 첫 배차는 군종부로 나가는 것이 암묵적인 상례였다. 아무래도 군종 목사님, 신부님, 법사님은 욕을 안 하시기 때문이었을까. 사랑과 자비로 충만하시기 때문이었을까. 나는 당시 내 차를 타 주신 군종 목사님과 신부님께 마음의 빚이 크다. GP 코너 비탈길, 좌우 후방에 지뢰주의 표지가 붙어 있는 그 오르막길에서 별안간 시동을 꺼먹었을 때, 허둥대는 운전병 옆에서 하얗게 질리신 군종 신부님, 죄송합니다. 아슬아슬하게 계곡 길을 질주할 때마다 손잡이를 힘주어 꽉 잡으시며 당신도 모르게 주님을 부르신 군종 목사님, 잘못했습니다. 못난 운전병 때문에 예수님하고 부처님을 여러 번 호출하신 군종부 식구들께 석고대죄라도 하고 싶다. 전역 후에 만난 사단 군종병 형님은 네놈 운전 때문

---

53) 물건뿐 아니라 운전병도 급으로 나타냈다. 탁월한 A급 운전병, 그럭저럭 B급 운전병, 그리고 나는 차라리 갖다 버리는 게 나을 것 같은 폐급 운전병.
54) 선임들한테 운전 교육을 받을 때, 반클러치를 사용하면 차가 상한다고 욕먹었다. 그러나 시험 당일 시동을 꺼뜨려서 불합격하면 정말 크게 혼쭐날 것 같아서 마음껏 차가 망가져라 반클러치를 밟아댔다. 시동 안 꺼뜨려서 정말 턱걸이로 군면허증을 받아왔다.

에 여러 사람이 이러다 저 세상 갈까 봐 정말 무서웠다고 놀려댔다.

민간인 피해를 입힌 것은 아니었지만, 사고도 꽤 많이 쳤다. 공식적으로 세 번, 비공식적으로 감춘 것이 두 번. 그중 최악의 사고는 집 근처에서 낸 것이었다. 나는 지금도 전쟁기념관 앞만 지나가면 괜히 누가 뒤에서 잡아당기는 것 같다. 뒤통수가 콕콕 따갑다.

집 근처로 운행을 가게 돼서 나는 그 전날부터 신이 났다. 휴가 때마다 오간 길이기에 잘 찾아갈 자신도 있었다. 그런데 출발부터 일이 꼬이기 시작했다. 내 차를 탈 간부가 예정보다 늦게 나를 불렀다. 게다가 그 간부가 자기 지갑을 깜박하는 바람에 예정에 없이 그의 아파트에도 들러야 했다. 그러고는 중요한 회의에 늦었다며 나한테 짜증을 내기 시작했다. 빨강 신호등에 멈출 때마다 그는 나를 채근했다(신호 위반으로 걸리면, 날 보호하고 자기가 책임져 줄 것도 아니면서!). 서울 시내에 접어들어 차들이 점점 많아지자 그는 점점 더 조바심을 냈다. 덩달아 나도 마음이 심히 불안했다. 겨우겨우 전쟁 기념관 지하 주차장에 도착해서는 긴장이 확 풀려 버렸다. 아 이제 드디어 해방이다. 딴생각을 하면서 급히 차를 집어넣으려다가 흰 차 앞에 있는 하얀 기둥을 못 봤다. 그것은 지금도 풀리지 않는 수수께끼다. 어떻게 하면, 눈앞에 서 있는 기둥을 냅다 받아버릴 수 있는 거지?

차체에 기스 하나만 나도 분위기 험악해지는 수송부인데, 앞 범퍼가 거의 쪼개졌다. 아찔하니 현기증이 났다. 오는 길 내내 옆 사람이 채근

했다는 것은 적절한 사고의 이유가 못 됐다. 이미 벌어진 일, 100 프로 나의 잘못이었다. 조용히 부모님께 도움을 요청해, 몰래 카센터에서 고쳐갈까 생각도 해 봤다. 그러나 선탑 간부의 입을 신뢰할 수 없었다. 사고가 났는데 몰래 고쳤다는 이야기가 혹여라도 새어나가면, 나는 날조죄와 탈영(?)의 책임까지도 된통 떠안을 판이었다. 차라리 솔직하게 사고를 보고하고 벌을 받는 정면 돌파가 나았다.

각오는 섰지만, 원체 큰 사고라 얼굴이 새하얗게 질려 똥 싼 강아지처럼 안절부절못했다. 전화가 없어서 복도에 걸어가던 양복 입은 아저씨한테 휴대폰을 빌렸다. 내가 얼마나 안쓰러워 보였는지, 당신 아들도 지금 병장이라면서 그 아저씨가 갑자기 전화를 대신 걸어줬다. 걱정하지 말라고, 군 차량 보험은 이럴 때를 대비해서 있는 것이라고 하면서. 딸깍. 수송부 행정병 선임이 전화를 받는 순간 그 아저씨의 첫 마디는 이랬다. "어, 나 국방부 누구누구 중령인데." 깜짝 놀랐다. 그냥 걸어가던 아저씨가 아니라 장교였다. 그분은 졸지에 나를 조카로 덜컥 입양해주셨다. 나는 그의 머나먼 친척 생질이 됐다. 너무나 감사하고 고마워서, 나도 앞으로 어려운 일이 있는 약자를 도우며 살겠다며 얼굴에 번지는 눈물을 훔쳐 댔다.

여유롭게 부대로 향하는 길은 가시밭길이었다. 나는 사단에서 가장 좋은, 사제 승합차를 박살 내고 복귀하는 죄인이었다. 옆에 탄 간부의 철저한 보고 정신 덕분에, 저녁 무렵 도착한 사단 사령부에선 수송장교를 비롯하여 여러 간부들이 나와서 내가 저지른 위대한 작품을 두루두루 감상했다. 수송부에 돌아와서는 박살 낸 범퍼 때문에 불나게 혼났고, 그 와중에 국방부 인사를 끌어들이는 꼼수를 부렸다며 괘씸죄도 더해서 혼났다. 나는 입이 만 개라도 할 말이 없었다. 그나마 민간인 차량이 아니라 기둥을 받은 것이 불행 중 다행일까. 징계를 받고 당분간 운행이 금지됐다.

아씨, 운전 좀 잘할걸!

사람은 무엇으로 사는가

러시아 작가 톨스토이의 이야기는 화장실에서 읽기 딱 좋다. 나는 화장실 변기 위에 책을 여러 권 올려두는 습관이 있다. 별별 책들이 변기 뚜껑 위를 거쳐 갔지만, 톨스토이 단편선이 가장 오랫동안 그 자리를 지켰다. 나는 톨스토이 이야기의 따뜻한 결말이 마음에 들었다.

사람은 사랑으로 사는 것이라고 톨스토이가 말했다. 사람을 향한 사랑이, 휴머니티가 한 사회를 지탱하고, 한 사람에게 기울이는 애정이 그 사람을 살게 한다. 군대라고 무엇이 다르랴. 군인도 사람인데! 함께 하는 마음이 한 부대를 지켜 주고, 한 모자란 쫄병을 향한 격려와 배려가 새로운 힘을 준다. 그래서 나는 근래에 줄줄이 씨감자 줄기처럼 튀어나오는 군대 가혹행위가 사랑이 없기 때문이라고 생각한다. 사람에 대한 최소한의 애정이 다 말라붙어서 이런 일이 발생하는 것이다. 괴롭힘당하는 피해자가 사람으로 안 보이기 때문에 사건사고가 일어나는 것이다.

내 전역모는 유난히 화려하다. 번쩍거리는 장식이 눈에 확 띈다. 뭘 모르는 외국 사람이 보면, 이놈이 군대 고위 간부인가 착각할 정도다. 지금까지 두 번 학생 예비군 훈련에 참여했지만, 내 것처럼 예쁜 전역모를 본 적이 없다. 전역모 옆부분에는 큰 글씨로 대문짝만하게 한 문장이 쓰여 있다. "전역이야말로 신의 존재를 입증하는 최상의 증거다." 항상 책장 구석에 놓여 있는 군모에 어쩌다 눈길이라도 가는 때면, 나는 한 사람을 생각한다. 사제 전투모에 장식물에 오바로크까지. 일병 월급 푼돈으로는 꽤 부담이 됐을 터인데. 볼 때마다 마음이 짠하고 또 웃음이 난다. 교회도 안 다니던 녀석이 신의 존재를 논하며 그 한 문장 박아 넣으려 꽤 고민한 티가 팍팍 난다.

전역 전날, 배실배실 멋쩍게 웃으면서 전해주고 간 그 전역모는 상장이었다. 잃어버린 아들에게 받은 영광의 훈장이었다. 내 아들 군번 운전병 쫄병은 끝끝내 수송부에 적응하지 못하고, 관심병사로 떠나버렸다. 관심병사 마음을 전직 관심병사가 어찌 모르랴. 나는 내 아들이 항상 안쓰러워 어쩔 줄을 몰랐다. 열일곱 명 선임을 찌르고 대대 내 옆 중대로 전출간 내 아들은, 내게 '깨물어 더 아픈' 손가락이었다. 어차피 아들놈 둘밖에 없어 두 개밖에 없는 손가락이었지만. 에이스라면서 눈에 띄게

칭찬받는 동기에 밀려서, 욕을 주워 먹는 부족한 녀석에 나는 더 신경이 쓰였다.

떠난 아들에게 우리 중대 선임들은 더 이상 선임이 아니라 아저씨[55]에 불과했지만, 일부러 피해 다니는 티가 났다. 다만 나랑 마주칠 때면 헤실헤실 웃었다. 내 과거를 아는 선임이 "그 아비에 그 아들"이라며 싸잡아 비꼬기라도 하면, 울컥하는 분노보다도 싸한 연민이 마음을 쩌릿하게 울렸다. 나는 내 자식 하나 간수 못 한 아비였다. 남들은 모르는 그의 속내와 눈물을 보고도, 내가 해줄 수 있는 부분에 한계가 있었다. 하냥 손 붙잡고 이야기를 들어주고, 말로 위로와 격려를 전하고, PX에서 과하다 싶을 정도로 귀한 냉동식품[56]을 퍼먹여도. 나는 그의 허한 마음을 붙잡을 수 없었다.

그 녀석이 우리 중대 호적에서 지워지던 날, 나는 마음이 허허로워서 밤새 뒤척였다. 내가 전출을 가지 않고, 이 부대에 남은 이유는 힘없는 쫄병들의 '비빌 언덕'이 되기 위해서라고 생각해왔기 때문이다. 그간 견뎌낸 시간이 모두 허사로 돌아가 버린 것만 같았다. 아무도 사랑하지 않은 가냘픈 아들은 그렇게 옆 중대 아저씨가 됐다. 종종 대대 시설에서

---

55) 부대마다 다르지만, 우리 대대는 중대 단위로 선후임이 갈렸다. 계급 고하를 막론하고 다른 중대 병사들은 다 아저씨라고 불렀다.

56) 전자렌지에 돌려 먹는 냉동 식품들은 아주 인기가 있었다. 제법 가격이 나가서 아무 때나 먹을 수 있는 것은 아니었다. 쫄병 때는 아버지 군번이 데려가서 사주거나 분대 단위로 회식을 할 때 빼곤 쉽게 먹을 수 없었다. 예컨대 만약 쫄병이 짬밥은 안 먹고 혼자 PX에 가서 냉동으로 배를 채우고 온다면, 즉시로 온 중대에 집합과 통제의 불호령이 떨어질 것이 뻔했다.

그를 마주치면, 나는 마음이 복잡했다. 반가움과 연민과 고마움과 상실감이 섞인 착잡함.

그런 녀석이 내 관물대에 전역모를 두고 갔다. 우리 부대에는 한 가지 전통이 있었는데, 아들 후임이 아버지 선임에게 전역을 준비해주는 것이었다. 물론, 아들 후임이 처음 전입올 때 필요한 물품들은 아버지 군번 선임들이 돈을 모아 준비해줬다. 이게 은근히 비교 의식을 불러일으키는 요소가 돼서, 폼 나는 전역모와 볼품없는 전역모 사이에는 많은 의미가 담기곤 했다. 은근히 자존심 싸움이 되기도 했다. 누구는 번쩍번쩍한 전역모를 받았는데 누구는 별것도 아닌 걸 받아갔다더라 하고 말이다. 그래도 나는 아무것도 기대하지 않았다. 날벼락처럼 하루아침에 동기를 잃는 바람에 홀로 남은 불쌍한 아들이 외로이 다섯 아비를 섬겨야 했기 때문이다. 일병 월급 빤한데, 이미 세 아버지 선임이 한 번에 전역하는 바람에 우리 중대 아들내미는 심각한 경제 위기를 겪을 것이 틀림없기 때문이었다. 떠나는 마당에 부담을 얹어놓고 싶지 않았다. 그런데 남의 집으로 떠난 아들이 나를 기억하고 찾아와줬다.

나는 늘 그에게 미안했다. 그도 어쩌면 내게 미안했을지도 모른다. 직접 말은 안 했지만, 그는 내게 의미가 됐다. 나 또한 그에게 하나의 의미가 됐으면 싶었다. 마지막 날 내가 고맙다고 말할 때, 그 녀석이 씩 웃었다. 수많은 선임들의 비난을 받고 욕을 먹고 혼이 났던, 성정 여린 두 녀석이 손을 붙잡고 멋쩍어서 연신 뒤통수를 긁적였다. 우리는 희망으로 반짝였다. 입 밖으로 내뱉진 않았지만 비슷한 생각이었던 것 같다. '나같이 군 생활 배배 꼬인 놈도 전역하는데, 너라고 이날이 안 오겠냐?' '너같이 군 생활 배배 꼬였던 놈도 전역하는데, 나라고 그날이 안 오겠냐.' 서로 보듬는 바보들의 마지막은 톨스토이식의 결말과 비슷했다.

기다려라. 그날은 온다.

국방부 시계는 간다

진짜 하루가 24시간밖에 안 되나? 100시간도 넘는 하루가 있었다. 2010년 9월 28일이었다. 아침까지만 해도 내 방에 누워있었는데. 의정부로 드라이브를 가더니, 외식을 했다. 행사가 끝나고는 새 옷, 새 신발을 줬다. 새로운 친구들이 생겼다. 그리고 밤에 잠  이 들었다. 근데 혼자가 아니었다. 나는 수십 명의 냄새 나는 수컷들과 딱딱한 바닥에 누워 있었다. 잠이 안 왔다. 입대의 첫날은 하루가 오지게 길었다. 이렇게 길고 긴 날을 언제나 하나하나 셀까, 한숨부터 나왔다. 내 소망은 모두 2012년 7월 6일에 가 있었다.

그런데 이건 약과였다. 전역을 100일 앞두고는 아예 시계가 멈춰 버렸다. 이등병 시절엔 눈 감았다가 뜨면 하루가 지났는데. 눈물과 눈치로 보낸 시간들이 손바닥 안에 잡힐 것처럼 순간이었다. 나는 마치 인생을 회고하는 노인의 마음이 돼서, 바깥세상 '천국'으로 갈 날을 손꼽아 기대하게 됐다. 쫄병 시절, 그 '젊은 날'의 어설픔과 어리석음과 저항과 고생을 기억했고, '갈 날'을 예비하는 늙은이가 됐다. 그래도 도저히 천상병 시인의 〈귀천〉의 한 도막, "이 세상 소풍 끝내는 날/ 가서 아름다웠다고 말하리라"처럼 허허로운 마음은 아니었다[57]. 차라리 "고생스러웠지만, 의미 있는 시간"이라고 모범 답안을 억지로 써내고 말지.

삶의 무게는, 언젠가 그 짐을 벗어버릴 날이 오기에 견딜 수 있는 것이었다. 마찬가지로 내가 끝까지 견딜 수 있었던 것은, 절대 변하지 않는 약속이 있었기 때문이었다. 마지막 날에 이르면 나는 군바리의 허물을 벗고 새로운 민간인이 될 것이었기 때문이었다. 그래서 나는 어떻게 해서든지 군대에서 버텨야 했다. 선임들의 눈 밖에 나도 견딜 수 있었고, 모든 것을 포기하고 싶은 충동을 이겨낼 수 있었다. 전역의 그 날이 있기에. 끝이 있다는 것은 황홀한 위로였다. 2012년 7월 6일은 종말의 날이자 시작의 날이고, 죽이 되든 밥이 되든 내가 기어이 견뎌 내기만 하면 반드시 찾아올 그날이었다. 감악산이 춤추고 임진강이 뒤집혀 용솟음칠[58]······.

군대가 아픈 사람들이 많으리라. 혹은 군대가 아플 예정일 사람도 많으리라. 지금 이 순간 또 선임한테 따돌림당하면서, 부대 건물 뒤에 쪼그리고 앉아 울먹이는 쫄병도 수두룩할 것이다. 그 친구들에게 딱 하나를 알려주고 싶었다. 그 날이 온다고, 너는 충분히 버틸 수 있다고. 절대로 모든 것을 포기하지 말라고. 맞다 지치면 저항하라고. 불의한 폭력

---

57) 천상병, 〈귀천〉 '···나 하늘로 돌아가리라/아름다운 이 세상 끝내는 날,/가서, 아름다웠더라고 말하리라······.'
58) 심훈, 〈그날이 오면〉 '그 날이 오면 그 날이 오면은/삼각산이 일어나 더덩실 춤이라도 추고/한강물이 뒤집혀 용솟음칠 그 날이/······'

에 휘둘리지 말고 맞서 싸우라고 말이다. 지금 겪는 고난은, 혹은 앞으로 겪을 고난은 채 2년도 안 되는 것이라고. 앞으로 멋지게 살아갈 날이 훨씬 더 길다고. 그리고 마지막으로, 언젠가 아픈 기억들을 되짚어보면서 멋쩍게 웃을 날이 온다고 말이다.

그래서, 전직 관심 병사의 해 줄 말이 딱 하나 있다면 이것이다. 살아남으면, 느리디느린 국방부 시계도 다 돌아가는 때가 온다는 것이다. 그리고 버텨낸 기억이 삶에 큰 교훈이 될지도 모른다고 말이다.

물론 나도 매우 감사한다. 지랄 맞도록 훌륭한 인생 체험학습이었다. 젠장! :)

제3부

Letters To 아들!

가장 긴 하루

To 엄마, 아빠, 소영이 효도편지①

딱히 생각한 것만큼 어렵진 않습니다. 짬밥[59]도 꽤 먹을 만해요. PX도 못 가고 간식도 금지된 터라 밥 많이 먹고 있어요. 신체검사를 받고, 군복이랑 군용품들을 받고 나니 슬슬 군대 온 기분이 납니다. 어젯밤에 새벽 5시에 불침번 섰는데, 가끔 따라나서던 새벽기도로 단련되어서 그런지 잘해냈습니다. 어젯밤에 보니 달이 무지 크게 떴어요. 때 되면 밥 먹고, 돌아다니고 자니까, 건강해지는 느낌입니다.

306 보충대 3구대 소속되어서 금요일까지 여기서 준비하고 곧 자대 배치 결과에 따라 신병훈련소 갑니다. 거기에서 5주 동안 고생 좀 할 것 같아요.

여기엔 별별 사람들이 많습니다. 다 배우는 과정이라고 생각하고 잘해낼 거예요.

다른 사람들 안부 전해 주시고, 건강하게 잘 지낼 거라 말해주세요.

(ㅋㅋㅋ 군용 모포를 밑에 대고 쓰니까 글씨가 날아가요 ㅋㅋㅋ)

제대 날짜가 2012년 7월 6일이랍니다. 엄마 생일 전날이라 건강하게 전역하는 것으로 생일 선물할게요. 그래도 까마득합니다.

---

59) 군대 급식

부대 배치 결과 확인해 주세요. 그리고 당분간 특별한 경우를 제외하고는 연락할 길이 없을 것 같습니다. 그래도 기회 닿을 때마다 편지 쓸게요.

그렇게 많은 일들이 있었는데 아직 만 하루도 안 지났어요.

군대에서 시간은 참 더디게 흘러갑니다.

한량처럼 놀던 시절이 그립습니다.

엄마, 아빠, 소영이 다 보고 싶어요. 사랑해요.

2010. 9. 29. 아침
3구대 10생활관 226번 장정 임종인 올림. 충성!

지금 막 소포 싸는데, 쓸 거 있으면 더 쓰라고 해서 몇 자 적어요.

오늘부터 전역날짜를 세고 있어요. 이따가 밤에 종교행사 갔다가 내일 아침 자대배치 받고 신병훈련소 갑니다. 기도해줘요. 사랑해요.

2010. 9. 31. 아들이.

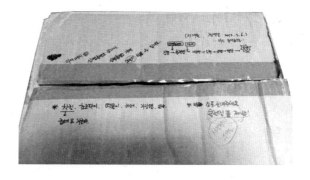

학용품과 신병교육대

사랑하는 아덜! 위문편지 세 번째

아빠는 아들 군대 보내면서 울었다는 이야기를 자랑으로 하고 다닌다. 운 것이 아니라 눈가에 물기가 스몄을 정도였는데 말이다. 소영이가 어쩐 일로 아빠가 울었느냐고 물었더니, 연병장에서 네 엄마랑 울어 주지 않으면, 오빠 전역할 때까지 무정한 아버지라고 시달리게 될까 봐서라고 하더란다.

대한민국 아줌마는 용감하다더니, 무식해서 엄마가 한 건 해냈다. 군법에 크게 어긋나는 일만 아니면 혹시나 해서 두드려 본 것뿐이었다. 인영이 이모가 자꾸 바람 쐬어 준다고 해서 운전대를 부대 쪽으로 향했던 거다. 입대할 때 못 챙긴 클렌징 폼과 네 작은 성경책을 챙겨 들고 나섰다.

여기가 신병교육대쯤인가 해서 기웃거리는데, 보초병이 나와서 어떻게 왔느냐고 물었다. 군 생활의 위계질서와 규율에 익숙해 보이는 병장이었다. 훈련병 엄마는 완전 기합 들어가서, 조심스럽게 신병교육대인가를 확인했다. 늠름해 보이면서도 인정은 있어 보이는 병장에게 아들이 입영할 때 미처 못 챙겨준 것들이 있어서 혹시나 하고 가져 왔다고 했다.

보초병도 자기 엄마가 생각났는지, 망설이더니 전달해 주겠다고 했다. 거기다가 오늘 밤에 잘 전달받았다는 연락 올 테니 전화를 기다려 보라고 했다.

세상에 이렇게 고마울 데가! 그 보초병이 다시 보초 서는 데 들어갈 때까지 고맙다는 인사를 연거푸 했구나. 꿈만 같은 하루였다. 기분이 좋아서 집에 돌아와 식구들 보일러도 틀어주고, 소영이 고기도 구워 먹였다.

밤 10시가 넘어서 엄마 핸드폰에 031이 떴다. 완전 들뜬 목소리로 통화 버튼을 눌렀는데……. 가슴이 쿵 내려앉았다. 반가울 사이도 없이. 네 목소리에서 내가 너를 많이 난처하게 했다는 직감이 들었다. 군대가 무슨 초등학교 학용품 챙겨다 주는 곳인 줄 아느냐고, 거기가 어디라고 갔다 왔느냐고 너희 아버지까지 엄마한테 핀잔을 줬다. 그러고 보니, 혹시 교관들한테 얼차려[60] 받은 것은 아닌지 모르겠다. 다시는 안 그러마!

밥 많이 먹지 말고 반찬 많이 먹어라! 선택의 여지가 있는지 모르겠지만 말이다. 여러 생각 깊이 하지 말고 단순하게 지내라. 시간 될 때마다 잠 잘 자두고. 감기 걸리지 말고.

아덜! 사랑한다.

정말 잘 지내야 한다.

2010. 10. 8. 엄마

---

60) 상관이 부하를 교육할 목적으로 내리는 체벌. 소위 기합.

신병교육대도 살 만해요

밖에 일주일 후임[61]이 왔습니다. 목소리 들어보니 이 자식들 기합이 팍 들어 있습니다. 금요일에 306에서 나와서 여기 OO사단에 왔는데, 벌써 일주일이 지났습니다. 엄마 편지 잘 받았어요. 여기는 밥 많이 줘요. '밥'만 많이 줍니다. 반찬을 눈곱만큼 주는데 밥은 예전에 먹던 양의 세 배입니다. 요즘엔 반찬을 코딱지만큼 줍니다. 눈곱이 코딱지가 되자 행복해졌습니다.

나 중대장 훈련병[62] 된 것 이야기했죠? 덕분에 교관들 주목 많이 받으면서 살고 있습니다. 이거 잘하면 뭐라도 생긴다던데, 전화 찬스가 왔어요. 우리 7중대 중대장님 강의 열심히 들었더니 전화 한 통 하게 해준다고. 지난번과는 다르게 이번엔 상대적으로 합법적이고 올바른 루트의 상이기 때문에 좀 더 편하게 통화할 수 있어요.

보초 서는 게 제일 힘들어요. 그래도 힘들지만 괜찮습니다. 얼차려 받을 때면 가끔씩 인내의 한계를 느끼는 때도 있습니다.

밥 먹고 줄 서서 이야기하다가 하늘에 굴러가는 구름 쳐다볼 때, K-2 소총 끌어안고 씨름하다가 방탄모 벗으면서 땀방울 씻어주는 시원

---

61) 아직 선임과 후임의 개념도 모르는 상태였다.
62) 목청 큰 것으로 덜컥 중대장 훈련병이 됐다. 일병 조교가 중대장 훈련병 잘 하면 4박5일 포상 휴가도 받을 수 있다고 했는데, 결국 못 받았다. 일 년 뒤에 다시 만난 조교들은 내 같은 기수 동기 중에 든든한 빽 가진 녀석이 있어서 '어쩌면 내 것이 될 수도 있었던' 휴가증이 날아간 것이라고 했다.

한 바람 맞을 때, 아침에 안개 낀 하늘 위로 까마귀가 까옥까옥 하면서 행복의 노래를 부를 때, 밥 먹으러 줄 섰는데 급식에 우유나 음료수가 따라 나올 때, 총 들고 초병근무 서고 있다가 밤하늘에 깨알 같은 별들 쳐다볼 때, 조금씩 행복해져요.

별 이야기

하늘이 가을이라 깨끗합니다. 거의 매일 보초를 서는데 새벽 밤하늘 별들이 정말 간장 떡볶이에 뿌려 놓은 참깨 같습니다. 옛날 사람들은 하늘에 작은 구멍이 송송 뚫려 있어서 밤이 되면 천국 빛이 그 틈으로 새어 나오는 것이라고 생각했대요. 천국에 대한 그들의 소박한 희망이 귀엽습니다. 집으로 돌아가는 늦은 밤에 그 다음 날을 다시 살아갈 힘을 얻은 겁니다. 이런 생각들이 하냥 밤을 수놓습니다.

밥 이야기

간식은 없습니다. 밥은 많습니다. 분리수거 담당 맡고 있는데 거기엔 온갖 간식거리의 흔적들이 있습니다. 탕수육, 치킨, 카레, 자장면, 깐풍기, 튀김, 콜라, 사이다, 우유 등등. 엄마가 해주던 간장 떡볶이, 고기, 고슬고슬한 밥 먹고 싶어요. 그래도 살아가자면 어떻게든 살아집니다. 불평은 불평대로 늘어놓지만, 그래도 숟가락은 꾸준히 올라가니까요.

성경 이야기

인터넷도 TV도 신문도 없습니다. 바깥 사회에서 무슨 일이 일어나는지 하나도 모릅니다. 심지어 날씨에 대한 정보도 예보도 없습니다. 성경조차도 재미있어진다는 이야기는 진짜였습니다. 별로 읽을 게 없습니다. 다윗[63]이 '말씀이 달다'고 말한 까닭을 알 것 같습니다. 생각해보니 다윗이 군인 출신이더라구요.

군가 이야기

'겨레의 늠름한 아들로 태어나, 조국을 지키는 보람찬 길에서
우리는 젊음을 함께 사르며, 깨끗이 피고 진 무궁화 꽃이다.'
　이 '깨끗이 피고 진' 부분을 부를 때면 섬뜩섬뜩해집니다[64]. 내 모든 훈련의 목적은 북한군을 섬멸하고 전시에 살아남기 위한 것입니다. 세뇌당하는 느낌입니다. 사회에서의 습관과 논리들을 지우는 게 여기 신병교육대의 존재 이유인 것 같습니다. 훌륭한 군인이 되겠으나, 인간 본질의 모습은 잃지 않겠습니다.

총 이야기

　한국군의 정규 소총은 K-2입니다. 아직 실탄을 지급받진 않았지만, 사람을 죽일 수 있는 무기가 내 손 안에 들어 왔습니다. 공포탄 소리를 들어봤는데, 섬뜩했습니다. 얼마나 무서운 무기들이 많은지요. 방금 전에 생활관에서 총기 분해 조립하고 손질했습니다. 무서운 무기를 다룰수록 군기를 더 잡습니다. 간혹 군대에서 무기 오작동이나 안전사고가 일어나기 때문입니다. 건강하게 군 생활 잘하도록 기도해 주세요.

---

63) 성서에 등장하는 이스라엘의 영웅. 다윗과 골리앗의 대결이 잘 알려져 있다. 고대 이스라엘의 2대 왕.
64) 나는 이 부분만 들으면 일본군 가미가제 자살특공대 생각이 났다.

주저리주저리 쓰다 보니까 편지지가 금방 채워졌네요.

소영이 입시 준비 잘하고 있다는 말이 기특하고, 아빠 잘 지낸다니 다행이고, 엄마 안 울고 있다니 기분 괜찮구. 사실 이번 첫 주 쉽지 않았습니다. 그래도 보내준 편지들이 힘이 됩니다. 아빠랑 소영이한테도 따로따로 편지를 보내야겠습니다.

2010. 10. 8. 신병교육대 생활관에서 아덜이

To 아빠

군대 온 지 열흘쯤 됐어요. 입에 이제 '다'와 '까'가 붙었습니다. 입대하기 전 마지막에 먹은 설렁탕 맛이 입 끝에 맴돕니다. 건강히 잘 지내고 있습니다. 몰래몰래 쓰는 편지는 스릴이 넘칩니다. 밖에 초병하고 조교들이 다닙니다.

첫 휴가 나가면 기강 잡힌 남자의 모습을 보여 드리겠습니다. 끝까지 버텨내고 견뎌내겠습니다.

충성! 단결!

00사단 00연대 0중대 중대장 훈련병 임종인 올림.

To 임꿀순

오빠는 빨빨 기고 있다. 팔꿈치가 닳아 없어지는 것 같다.

넌 빨빨거리면서 공부 잘하고 있나?

영어는 끝까지 단어빨이다. 내가 설명했던 거 잘 기억해서 외국어 영역 시간 모자라지 않도록 준비해라. 시간 많이 들이지 말고 eye-study 해라. 수학은 오답 노트 정리하는 것 가르쳐 준거 있지? 언어는 매일 꾸준히 풀고, 사탐은 인강 듣는 데 집중하고 윤리는 교과서 외워라.

초병이라고 새벽에 한 번씩 일어나서 근무 서는데, 이 보초라는 것이 시간이 일정치 않고 불규칙해서 매우 피곤하다. 그래도 그 시간에 허투루 낭비하지 않고 성경 읽고 짧은 기도도 하고. 널 위해서도 기도한다.

오기 품고 긴장하라고 심한 소리를 했다만, 잘할 수 있을 거다. 힘내서 최선 다하고 논술 잘하고 수시 정시 잘 써서 대학생 되자.

파이팅!

오빠가

체육학교 잘 다니고 있냐?

사랑하는 아들! 위문편지 다섯 번째

새벽바람이 차다. 비가 올 것처럼 날이 잔뜩 어둡고 바람 끝이 제법 매웁다. 이런 날에 훈련하기에 좋지 않을 것 같다. 땀 흘리며 훈련받다가 찬바람에 감기 걸리지나 않을지. 아침부터 날씨 동정을 살피며 하루를 시작한다.

어제 네 방에 앉아 입소식 동영상도 보고 인터넷에 올라온 훈련병 모습들도 살펴볼 수 있었다. 신병교육대 담당자들이 훈련병들을 교육시키고 훈련시키기도 고단할 터인데, 부모로부터 오는 수백 통의 상담과 질문에 답해 주고, 훈련 과정에서부터 오늘의 밥상까지 공개하더구나. 부모들을 안심시키기에 많은 부분이 할애되어 있는 것을 보고 고맙기도 하고 한편 힘들겠다는 생각도 했다.

입대하기 전에 네가 관심 가지고 보던 뉴스였던 칠레 광부 구출 작전이 오늘 성공적으로 마무리될 것 같다. 끝까지 포기하지 않고 노력한 칠레 정부와 숨 막히는 시간을 잘 견뎌내 준 광부들에게 존경과 감탄의 박수를 보낸다. 인간 승리다.

소영이가 그러더라. 오빠를 체육학교에 보냈다고 생각하라고 말이다. 밥 먹고 훈련하고, 밥 먹고 총 쏘고, 밥 먹고 교육받는, '체육학교' 말이야. 군대 적응을 위한 조기교육(?)을 생각했더라면 어렸을 때 총 좀

사줄 것을 그랬나 보다. 장난감 총이라도 가지고 놀아본 신체감각이 군
대현실에서 순발력 있게 발휘될 수도 있을 터인데 말이다. 장난감 총도
폭력성을 부추긴다고 생각해서 총 한 자루도 만져보지 못하게 한 것이
후회막급이다. 자신의 감정을 밖으로 표출하게 생겨먹은 사내아이는 전
쟁놀이를, 자신의 느낌을 안으로 쌓아두는 여자애들은 소꿉놀이를 하
는 이유가 다 있었는데 말이다. 소영이랑 잔디밭에 토끼 키우기나 했으
니…….

　　매일매일 카페에 들어가서 '오늘의 밥상'과 '훈련 과정'을 찾아본다.
어디를 가든지 무엇을 하든지 주님이 늘 동행해 주시기를 기도한다. 기
독교 활동 카페에 가보니 예배드리는 모습보다 초코파이 먹는 장면이 더
많더구나.

　　(7중대 2소대가 안전하게 훈련 잘 마치도록 기도하고 있다)

2010. 10. 12. 맘

훈련병 애기 좀 들어봐요!

소영이랑 엄마가 보낸 편지 받았어요. 원래 읽을 수 없는데 몰래 침낭 안에서 읽었어요. 걸리면 혼나요. 많은 동기들이 '생명'을 얻으러 교회에 갑니다. 생명은 곧 신이 내린 선물입니다. 군인이 짬밥으로만 살 것이 아니요, 초코파이로 살리라. 초코파이는 하늘의 음식입니다. 그 응축된 단맛과 초코+빵+마시멜로의 놀라운 조합은 사람은 무엇으로 사는가를 명쾌하게 풀어줍디다. 만약 톨스토이가 한국에서 군인 생활을 했더라면 〈사람은 무엇으로 사는가〉의 마지막 장면은 용서받은 천사가 초코파이 다섯 상자를 들고 하늘로 올라가는 것으로 채워졌을 겁니다.

2010. 10. 12. 편지 받고.

---

65) 자꾸 귀찮게 엄마를 부를 때 타박받던 말. "자꾸 엄마점마 부르지 좀 마라"고 혼나곤 했다.

방금 전에 부대 막사로 복귀했습니다. 어제 2차를 기념 삼아 오늘 기록 사격은 첫 번에 통과했습니다. 100m, 200m, 250m 표적을 맞히는 것이었습니다. 며칠 전에 사단 내에서 전화 한 통이 왔습니다. 청년부 목사님 친구라던데 사실 행정반에서 너무 긴장해서 잘 듣지 못하고 넘어갔습니다.

2010. 10. 13. 오전훈련 후

생활관에는 별별 놈들이 다 있습니다. 세상에, 여기서 별놈들을 다 봅니다. 다른 건 괜찮은데 그만 좀, 눈치 없이 조잘대진 말았으면 좋겠습니다. 편지 꾸준히 받고 또 읽고 있습니다. 힘들 때나 고될 때마다 꺼내서 읽습니다. 중대장 훈련병이어서 아마 입소식 영상이 인터넷에 올라와 있을 겁니다. 10-22기입니다. 인터넷에 개인 사진도 올렸다고 합니다. 다들 긴장하고 찍던데, 전 웃으면서 찍었습니다. 분명 바보처럼 나왔을 겁니다.

2010. 10. 13. 점심 먹고

밤이 정말 추워요. 아직 동복 보급이 안 됐어요. 밤에 잘 때는 더울 정도로 따뜻하게 자는데 새벽에 불침번 서는 게 쫌 고됩니다. 배가 고파요. 쟁반막국수가 먹고 싶어요. 아까 산을 타고 내려오는데 갑자기 군침이 확 돌더라구요. 군대는 인력자원을 그대로 두지 않아요. 뭔가를 계속해서 시킵니다. 비 오는 날 레크리에이션은 없습니다. 그냥 판초 우의 입고 죽어라 훈련해요.

2010.10.13. 훈련 마치고

힘들다고 하면 엄마 아빠 걱정할까 봐 일부러 안 칭얼대는데, 아! 쫌 안 익숙해요. 2주차 사격은 별로 고되지 않다고 합니다. 3주차 화생방과 유격, 4주차 각개전투, 5주차 야간 완전 행군. 이것들은 되게 힘들대요. 끝까지 잘 버틸 겁니다만, 미칠 듯이 힘들 때 전화할래요. 중대장님께 받은 전화 포상이 하나 있습니다. 이것은 그런 때 쓰려고 남겨 놓았어요.

2010.10.13. 점호 끝나고

p.s. 교회에 가면 특별한 날을 위해서 전화를 시켜줍니다. 여기 교회는 좋습니다. 자유와 희망과 먹을거리의 공간입니다.

전쟁 때 쓰던 것 같은 화장실에 다녀왔어요. 날씨가 추워서 구더기는 없습니다. 암모니아 냄새에 막힌 코가 뻥뻥 뚫려요.

2010. 10. 14 아침에 똥 싸고

ps. 조교 몰래 누워서 편지 써요. 걸리면 경을 칩니다.

총 만지는 것은 정말 생각보다 재미있습니다. 군 생활이 견딜만합니다. 애들은 대부분 나보다 어리지만 동기들이라 말은 편하게 합니다. 만날 즐겁게 지내고 있습니다. 훈련과 잡무가 많고 잠이 부족한 게 거의 유일한 불편에 가깝지요. TV나 인터넷 없이도 사람이 삽니다.

때맞춰 밥 먹고 많이(정말 많이) 걸어다니고 돌아다니니, 그리고 공식적으론 최소 6시간은 재워주니까 생활이 규칙적이에요. 살이 빠져요. 바지가 헐렁해져서 허리띠를 약간 줄였습니다. 피부도 좋아지고 있고요. 면도를 못 하는 게 흠이긴 합니다. 5중대 한 훈련병이 배급된 면도 날로 3번 손목을 그은 후론 면도날 지급이 힘들어졌대요. 불규칙적으로 잠이 끊겨서 아침이면 노곤합니다.

요즘 슬슬 감기 기운이 와요. 누워서 두 시간만 맘 편히 자면 싹 나을 것 같습니다. 노래 잘 불러서 군가 대표로 부르고 전화 카드 받았어요. 군가집 보고 악보 보고 불렀습니다. 겁나게 쉽지라요.

방금 샤워하고 나왔어요. 오늘 행군했거든요. 행군하다가 갑자기 전차 부대가 나타나서 진짜 멋있었어요. 위험하긴 정말 위험했어요. 궤도 바퀴 하나가 내 키만 했어요. 깔리면 바로 쥐포 될 기세입니다.

어제 마지막 5시~6시 맡은 보초병들이 가서 자 버렸습니다. 조교가 완전 빡 돌아서 오늘 밤 잘 생각 말라고 엄포를 놓았어요. 드디어, 하도 얼차려를 받다 보니 이젠 얼마나 참신한 얼차려가 등장할지 기다려질 정도입니다. 슬슬 적응하다 못해 재미를 느낍니다.

스타킹 신고 행군 잘했어요. 스타킹 신었더니 애들이 우오오오~ 소리 지르면서 다리 만지며 좋아라 합디다. 만날 혼나면서 즐거워요.
우리 가족, 친구들, 보고 싶은 사람들, 새벽에 보초 서면서 하나 둘 기억하고 간혹 기도합니다. 고마워요.

2010. 10. 15. 아들 @ OO신교대, net

오늘 또 놀라운 경험을 했어요. 나 K-2 소총 쐈어.

실탄 사격은 정말 고막이 파열되는 소리가 나더라.

뻥 안 치고, 오줌 살짝 지리는 줄 알았어요.

여기서 진짜 놀라운 인간 군상을 봅니다.

별놈의 자식들이 다 있어요. 엘리트부터 돌아이까지.

영점 사격 1차 패스 못하고 오늘 하루를 굴렀어요.

2010. 10. 18 아들이

영점사격 1차 패스 못하고 오늘 하루를 굴렀다.

엄마 나 오늘 사격 2차 패스했어요. 총 9발 쐈는데

이렇게 맞췄어요

2010. 10. 19.

굳뜨모닝(Good Morning)?

굳뜨모닝(Good morning)?

치열한 입시 전쟁 통에 턱없이 잠이 부족한 고등학교 시절, 네게 아침이든 밤이든 졸지 말라고 굳뜨모닝이라고 인사했었는데, 훈련소 시절도 역시 절대적으로 잠이 부족할 것 같아 굳뜨모닝이라고 인사한다.

훈련소 생활이 힘들지만 그래도 잘하고 있다니 다행이다. 신병교육대의 하루하루가 그려진 네 편지를 읽다 보니, 소설 '파리 대왕[66]'이 떠오른다. 난파 사고로 무인도에 남겨진 15세 미만의 소년들이 살아가는 이야기 말이다. 세상과 단절된 위기 상황에서 혼돈과 갈등을 겪으며 살아남는 이야기가 훈련병 세상에서 그리 먼 이야기는 아니지? 훈련병 3주차쯤이면 현실을 인정하고 적응해 나갈 길이 좀 보여질까?

우리도 네 빈방에 그런대로 잘 적응하고 있다. 아빠도 수시로 네 책상에 앉아 생각에 잠기지, 소영이가 책 한두 권 들고 와서 공부도 하지, 엄마도 잠이 안 오면 네 침대에 누워보지. 그렇게 수시로 드나드니 네 방이 가장 따뜻해졌다. 엄마는 부자가 될 것 같다. 시장바구니가 1/4이 줄어야 하는데, 실제는 반으로 줄었다. 네 용돈도 안 들지 엥겔지수도

---

66) 윌리엄 골딩의 소설 〈파리대왕〉

낮아졌지.

아들은 배가 고프다는데, 이모들이나 친구들이 맛있는 것 사준다고 하니, 그게 더 괴롭구나. 터키에서처럼 아들이 군대 갔다고 승용차에 국기를 달고 다니며 자랑스러워 할 날이 온다면 모를까…… 언제든 천안함 사건과 같은 도발의 우려가 있지, 가혹행위와 폭력·집단 따돌림 등의 군대 내에서 일어나는 사건 사고들이 매스컴에 등장하지. 전역하는 날까지 염려를 놓을 수가 없구나.

나라와 민족을 위해 아들을 독립군으로 내보내야 했던 시절이나, 어린 아들을 학도병으로 빼앗겼던 일제시대나, 형제가 각기 다른 편에 서서 총을 겨누어야 했던 6·25 전쟁 때의 어머니, 아니 오마니[67]를 생각하면 지금 엄마의 걱정은 엄살이고말고.

인영이 이모는 '군대 박사'가 다 됐다. 엄마가 궁금한 것을 물으면 중간에서 먼저 입대한 아들을 둔 친구들에게 이것저것 알아봐 주고 있다. 자기는 딸만 있어서 군대 걱정 안 해도 되는데 팔자에 없는 군대 공부를 하고 있다고 투정하면서 말이다. 카더라 통신 최신 레이더망이라 엄마가 잘 활용하고 있다.

열심히 훈련받고 새로운 환경에 적응하느라 안간힘을 쓰다가 감정이 메말라지는 않을까 싶어서 시 하나 옮겨 적는다.

---

67) 오마니는 어머니보다, 엄마보다 절절하다.

벼는 서로 어루러져 기대고 산다.
햇살 따가와질수록
깊이 익어 서로를 아끼고
이웃들에게 저를 맡긴다.

벼는 가을 하늘에도
서러운 눈 씻어 맑게 다스릴 줄 알고
바람 한 점에도
제 몸의 노여움을 덮는다.
저의 가슴도 더운 줄을 안다.

— 〈벼〉 이성부 —

　　자라온 환경이나 성향들이 다양한 사람들을 만날 터인데, 잘 사귀어 두고 적응하길 바란다. 어려워하는 동기들과도 격려해가면서 훈련 잘 마치기를 바라고.
　　잘 지내야 한다 아덜!

2010. 10. 15. 엄마가

중대장 훈련병

～～～～～～～～

　어젯밤 10시에 점호하면서 편지 두 통을 받았습니다. 원래 '자기정비 시간'에만 편지 보는 게 허용되는데, 야밤을 틈타 야간 등 아래에서, 침낭 속에 숨어서 한 글자 한 글자 손으로 짚어가면서 읽었습니다.

　오늘은 근무 토요일이라 아침에 유격 훈련 받고 이제 오후가 되어서야 쉬는 시간이 허락됐습니다. 오늘아침 유격 훈련은 헬스장에서 배운 내용이었습니다. 조교가 앞에서 시범 보일 땐, 'Oh, 나 저거 알아!' 했는데 헬스장에서 연습한 것과 여기서 하는 것엔 큰 차이가 있었습니다. 거기에선 방탄모, 교대, 군화를 착용하지 않은 가벼운 차림이었잖아요.

　여기 있으니 손이 좀 근질거립니다. 교회에서 찬송가 부를 때, 노래를 부르는 게 참 낯섭니다. 한 옥타브 높여서 반주해야 할 텐데요. 찬송가 부르면서 손은 또 나름대로 움직입니다. 수없이 많은 얼차려에 손에 굳은살이 새로 생겼습니다. '남자 손'이 되어갑니다.

　다음 주부터는 본격적인 화생방 유격인데 5주가 지나면 좀 몸이 단단해져 있을 겁니다. 마음에 드는 친구들도 있고, 함께 지내기가 불편한 사람들도 있습니다. 사실 중대장 훈련병은 그냥 선발에 가깝게 되어 버린 겁니다. 260명 세워 놓고 '부대 열중 쉬어! 차렷!'을 외쳐보게 하더니 뽑고, 또 추리고 추려서 중대장 훈련병 된 겁니다. 제발 소원이

'중간만 가고 쉬엄쉬엄'이었는데, 엄마 말마따나 최선을 다하게 될 것 같습니다.

신병 훈련소 온 다음 날부터 입소식 있는 날까지는 군대식 제식 훈련과 행사절차를 정말 말 그대로 속성과외로 받았습니다. 지금에야 조교들의 엄포가 그냥 단순한 말뿐이라는 것을 알지만, 그 당시에는 경례할 때 '엄지손가락 보이면 손목을 자르겠다'는 둥 면전에서 고래고래 소리 지르면서 행해지는 특별 관리에 굉장히 스트레스를 받았었습니다. 그 목소리는 그렇게 만들어진 겁니다.

뭐, 하긴, 중대장님께 견장 받고 총기 받는 식은 제가 실수하고 애들도 많이 틀려서 끝나고 바로 기합 받았습니다. 날 담당했던 일병 조교는 완전히 빡 돌았었죠. 그런데 그 다음 날 입소식을 모두 잘해서, 칭찬 들었습니다. 지금은 그 일병 조교 잘 따르고 잘 지냅니다. 이번에 군가 잘 불렀다고 특별 전화조치도 해주었으니까요.

여기 군 생활은 아직 적응이 완벽하지 않아서 그렇지, 정신적으로 힘들거나 비인격적인 대우를 받는 경우는 없습니다. 이제 적응되면 슬슬 재미도 붙이겠지요. 사회에서 군대로 오는 편지는 최소한 3일 정도 걸리는 반면, 여기서 보내는 편지는 일주일은 족히 걸린다고 합니다. 자대 배치받으면 전화를 더 많이 할테니, 편지는 덜 쓰게 되겠네요. 하지만 자대에 가도 편지는 계속 쓸 예정입니다. 편지가 주는 뭉클함이 뭔지 알 것 같거든요.

아, 방금 또 부릅니다. 집합 명령이 떨어졌습니다. 가 봐야 할 것 같아요. 진짜 토요일에도 놓아두질 않아 ㅜㅜ.

감기가 슬슬 '올라캐서(?)' 조심하고 있습니다. 다음 주엔 우리가 취사 배식 담당이라 밥 많이 먹을 수 있습니다. 달달한 음식들이 먹고 싶어요. 소영이랑 은진이한테 편지 쓰라고 닦달하지 마세요. 난 한성이 편지도 보낸다 보낸다 하다가 결국 그냥 군대 왔어요. 바이올린 일주일에 한 번씩 은진이가 다뤄준다니 다행입니다. 안심하고 있어요. 소영이 공부 좀 더 잘 챙겨 주고, 수능 3주 전부터 몸만들기 들어가야 합니다. 모든 공부 스케줄을 수능시험 시간과 맞춰 주세요.

사람이 무엇으로 사는지, 톨스토이의 가르침을 하나하나 알아가고 있습니다. 여기에서의 생활이 많은 가르침을 줍니다. 인내하는 법, 나 자신을 참는 법, 욕구를 참아내는 법- 잠에 대한 생리적 욕구가 이리 강한 것이었는지 여기 와서 새삼 깨닫습니다. 그리고 무엇보다도, 나와 다른 사람을 인정하고 함께 지내는 법을 배웁니다.

이제 자대에 가면, 섬기는 법과 아랫사람을 다스리는 법을 배우겠지요. 서로 배려하고 합력하여 선을 이룰 수 있다는, 군대에서의 황금률을 실현해 보겠습니다. 말이 횡설수설이네요.

또 보낼게요.

2010. 10. 16. 아들이

잠 쫓는 방법?

~~~~~~

고기도 없이 튀김옷만 잔뜩 입힌 '탕수육'을 먹었다면서? 인터넷에서 본 '오늘의 밥상'에서 네 저녁 메뉴 '돼지고기고추장볶음'을 확인하고, 엄마는 내심 만족스러워서 소영이랑 LA갈비 구워 먹었다. 휴가 오면 고기 많이 넣은 탕수육도 사주고, 12시까지 놀고 와도 잔소리 안 할게. 〈지붕 위의 바이올린〉 영화도 같이 보고, 속초 장모님네(?) 가서 회도 먹고 오자.

불침번을 설 때 달이 아주 밝더라고 했지. 어떤 사람은 군대에서 불침번 설 때 보름달이 그냥 커다란 엄마 얼굴로 떠올랐다고 하더구나. 엄마 생각을 해달라는 것은 아니고. 불침번 설 때 조용히 자연 속에서 침묵 속에서, 어떻게 무엇을 위해 살아야 할지에 대한 고민도 해보고 재미난 추억도 떠올려 보고 멋진 상상의 나래도 펴 보기를⋯⋯.

감기 걸린 것이 마음에 걸리긴 하지만, 그래도 감사한 일이 많다. 네가 워낙 예민해서 코 고는 소리에 잠도 못 잘 줄 알았는데, 잘 지내고 있다니 안도감이 든다. 카페에 올린 글들 보니까 다른 훈련병들은 훈련 잘 받아서 포상전화를 몇 번이나 받았다고 자랑하던데? 훈련은 잘 못 해도 군가라도 잘 불러서 포상 전화를 받았다니 위안이 된다.

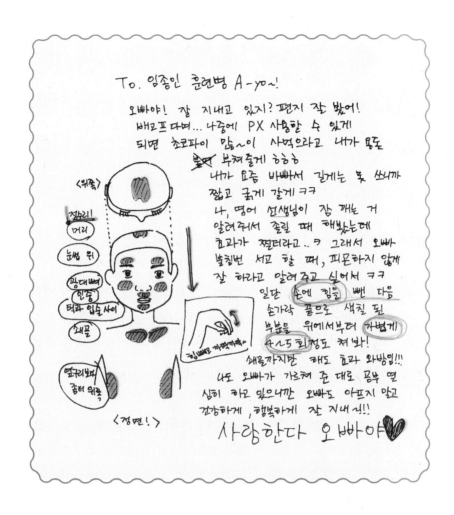

훈련병 시절의 고된 훈련이 남은 군 생활을 준비하기 위한 과정이고, 21개월의 군 생활이 나라와 민족을 위해 마땅히 감당해야 할 몫이라고 생각했으면 좋겠구나. 거창하게 독립운동가는 아니더라도 이 땅의 아들로 태어나고 자란 값이지. 아들이라고 오빠라고 믿어주고 기대하는 값. 아무튼, 지금까지 아빠와 삼촌들이 지켜줘서 자유롭게 살았

으니까, 지금이 차례구나 그렇게 생각하렴. 지금의 힘든 과정을 통해 나라가 안전하고 평화로워져서, 네 아내와 자식들도 평안히 지낼 수 있는 세상을 꿈꿔 보렴! '아~, 너무 앞서갔나? 장가보내 준다니까 벌써부터 입 벌어졌네!'

훈련병 시절의 급격한 삶의 변화와 군사 훈련을 통해 남은 군 생활을 감당할 힘을 기르고, 21개월의 군 생활을 통해 나라의 어떠한 '위기 상황' 속에서도 이겨나갈 능력을 얻길 바란다. 때때로 투쟁하듯 이뤄가야 할 네 인생과 삶의 현장에서 문제를 헤쳐나갈 경험까지 얻기를 바라고.

목적지로 향하는 가장 빠른 방법은 비행기나 기차를 타는 것이 아니라 좋아하는 친구와 터덜터덜 함께 걷는 것이라고 들었다. 동료 훈련병들과 좋은 친구가 되어서 남은 훈련 가장 빠르게 가는 길 되기를 바란다. 모든 문장의 종결형이 '바란다' 뿐이구나.

요즘 소영이는 오빠를 위해 여성동지들의 위문편지를 적극적으로 당부, 수거하러 다닌다. 은진이 선영이한테 직접 써달라고 편지지까지 들고 다니며 들이밀지를 않나, 네 얼굴도 모르는 자기네 반 친구들한테 부탁을 하기도 한다.

2010. 10. 20. 맘

북한 소년병들이 눈에 어른거려요

To Dear Mom, Dad, my sister! 효도편지⑥

아빠가 입버릇처럼 간부 운전병 하면서 큰 사람 잘 섬기고 배우라고 했는데, 사단 지휘부 운전병에 선발되었습니다. 어느 분 운전을 하게 될지 모르지만 성실히 잘 감당하겠습니다. 어젠 주간행군 15km 있었는데, 검사받으러 국군병원에 갔다 오느라고 행군 안 갔어요. 애들은 물집에 죽어라 힘들어하는데 나 혼자 편해서 미안하더라구요. 그냥 검사받으러 간 것이니 걱정하진 마세요.

오늘 화생방 훈련을 해서 최루 가스 마시고 죽는 줄 알았습니다. 화생방 최고입니다. 엄청난 양의 눈물+콧물+침으로 얼굴이 범벅이 됐어요. 코감기로 코가 꽉 막혀 있었는데, 극약 처방으로 콧물 다 나오고 깨끗이 나았습니다. 안구건조증 있던 애들도 다 나았을 겁니다. 나름 신기하고 재밌는 경험 많이 합니다.

유격과 각개전투가 기대됩니다. 남은 훈련들 중 제일 위험한 게 수류탄입니다. 안전하게 훈련 잘 받을 수 있도록 기도해 주세요.

엄마!

오늘은 기분이 참 이상합니다. 총검술을 배웠습니다. 이건 사격이나 수류탄하고는 달라요. 어떻게 사람을 정확하게 죽일 수 있는지. 어떻게 심장을 찌르고, 목을 베어야 하는지를 배웠습니다. 내가 군인이라는 사실을 가장 인정하고 싶지 않은 하루였습니다.

정신교육, 세뇌교육을 계속해서 받습니다. 우리의 주적은 북한 수뇌부들이죠. 북한 소년병들이 기억납니다. 언젠가 신문에서 두만강변에서 초병을 서던 십대 병사들 사진을 봤습니다. 갓 어린 티를 벗은 어린 청년들. 눈과 귀가 꽉 막힌 채로 그곳에 태어났다는 이유만으로, 그들은 고통을 감내하며 살아가요. 북한에 군량미가 100만 톤이나 있단 말을 들었습니다. 쌀이 남아돈다고 난리 치는 우리 정부미 양이 150만 톤쯤 된 것 같았는데.

훈련을 받을 때 눈앞에 북한군이 서 있다고 생각하고 목을 꿰뚫으라고 했습니다. 저녁밥을 먹으면서도 자꾸 사진 속 북한군 소년들이 눈앞을 맴돕니다.

아무래도 전 더 강해지고 비정해져야 할 듯싶습니다. 그냥 싱숭생숭해서 주저리주저리 적어봤어요.

갑자기 10분 정도 여유가 남았네요. 이어서 더 씁니다. 상점도, 성적도, 전화 기회도, 적정한 선에서 차곡차곡 모으고 있습니다. 저를 제일 당황케 했던 교육조교는 슬슬 제게 칭찬과 격려를 해줍니다. 생각보다 군 생활에 잘 적응하고 있어서 혹시 나중에 말뚝 박자고(군에 계속 있자고) 제의 들어올까 걱정입니다. ㅋㅋ

살이 조금씩 빠지는 것 같습니다. '체육 학교' 잘 다니고 있습니다. 올해 목표, 아니 상병 전까지 복근 王자 한 번 만들어 볼 생각입니다. 2011년 여름 휴가는 우리 가족 모두 여유로울 수 있겠군요. 소영이 소식, 듣던 중 반가운 소리입니다. 최선을 다해서 최고의 성적 낼 수 있게 도와주세요. 저도 수능이 제일 잘 나왔었어요.

어젠 수색대대에서 선발 나왔다가, 저 따로 불러서 면담했습니다. 인기가 많아서 참 힘드네요. 대뜸, "니 수색대에서 군종 해 볼 생각 없나?" 하더라구요. 하마터면 수색대대 갈 뻔했어요. 우리 사단장님은 크리스천이시랍니다. 독실하시다고 소문이 자자해요. 어느 분 운전을 하게 될지 모르겠지만, 어디에서든지 꼭 필요한, 충직한 군인으로 섬기겠습니다. 요셉이 고난 중에, 그 단련 중에도 모두의 신뢰를 받고 충성스러운 마음을 다하여 신앙을 지켰듯이. 성장하는 군 기간을 성실히 잘 보내겠습니다.

2010. 10. 21. 막사에서

p.s. 보름달이 떴고, 난생처음 별똥별을 봤어요.

힘 좀 내라!

눈물의 편지 잘 받아 보았다. 씩씩하게 재밌게 술술 썼지만, 엄마 눈엔 곳곳에 눈물을 훔친 자욱이 보이는구나. 빨간 펜으로 쓴 것도 뭔가 절절한 느낌이 들고…….

엄마도 고등학교 때 객지에서 공부하면서 고향집 생각에 밤마다 눈물로 편지를 썼다. 외할아버지 할머니는 분명히 눈물 자국을 보았을 터인데, 사랑한다는 답장만 왔었다. 뭐 얼마나 훌륭해지겠냐고 그냥 시골집으로 돌아오라고 하실 줄 알았거든. 엄마도 네 편지에 대해 사랑한다는 답장만 하게 되는구나.

감기는 다 나았는지. 자유도, 먹거리도, 문화생활도, 고무신도 모두가 간절하겠지만, 당분간의 제한이니, 맘을 잘 다스리고 견뎌라. 훈련 끝나고 자대배치 받으면 반찬도 많이 주고 좀 견딜만해 진다더라.

겉으로 씩씩하게 얘기하지만, 우리 아덜이 인생에 힘들 때를 지나고 있구나 하는 생각, 그래도 작은 행복을 찾아 나서는 긍정이 감사했고, 유머감각도 잃지 않은 건강함이 기특했다. 특히 별 이야기는 아주 따뜻하게 읽었구나. 총이나 군가 이야기에서는 약간 섬찟한 기분이 들었다. 훈련도 잘 받아야 하지만 너 자신을 잘 돌봐라. 조심하고.

네가 가장 잘 감당할 수 있는 보직을 받고 좋은 부대에 들어갔으면 좋겠구나. 요즘 훈련병 사진방에서 아무리 네 얼굴을 찾아도 보이지 않아 좀 걱정스럽다.

2주 남았구나.

아덜! 힘내서 훈련 잘 받으렴!

요즈음 늘 핸드폰을 끼고 산다. 전화 잘 받을게. 군가 좀 잘 불러라 한 번이라도 더 통화하게! 짬 날 때마다 눈 좀 붙이렴!

2010. 10. 22. 엄마

너만 힘든 게 아니다

오늘 장장 아홉 장의 긴 편지를 받았다. 많은 소식과 이야기를 들을 수 있다는 기쁨보다 이렇게 긴 편지를 쓰기 위해 얼마나 기회를 엿보고 잠을 못 잤을까 하는 맘에 눈물이 앞선다. 엄마는 네가 못할까 봐 걱정하는 것이 아니라, 네가 겪는 고된 훈련과 수면 부족과 없고 없음의 불편한 단련이 안타까운 거다. 네 수고로움과 애씀이 고스란히 느껴진다. 아니다. 실은 너 혼자가 아니다. 훈련소 동기들도 같이 겪고 있고, 얼마간의 시간차를 두고 친구들도 대부분 겪는 과정이지.

훈련소에서는 개인의 사정과 형편보다 집단의 훈련을 목표로 하기에 엄격하게 통제하고 관리하겠지. 전체를 다루느라 혹 심하게 해도 상처 받지 말았으면 좋겠다. 험한 말이나 욕설을 들어도 비인격적인 대우를 받아도 너무 힘들어하지 말아라. 군기를 잡느라고 효과적으로 통제하기 위한 방법이라고 이해해 보아라. 그래도 좀 억울한 지경이면, 옛날에 바이올린 연습하다가 엄마한테 맞아가면서 혼날 때를 생각해 보든지.

합창단 동기들이 그러더라. 군대에서 피아노 칠 줄 아는 사람 찾아서 손들면 피아노 옮기라고 한단다. 미술 전공한 사람 나오라고 해서 손들면 연병장에 족구장 라인 그리라고 한대. 미술을 한 놈이면 줄이라도 직선으로 그리고, 피아노 친 놈이면 아무래도 피아노를 잘 옮기지 않겠냐는 이야기지. 웃지 못할 일이지만, 아무튼 지혜롭게 생각하고 보직을 잘 지원하렴. 가능성이 적지만 군종도 신청해보고.

많이 힘들겠지만, 너보다 어린 훈련병들이나 마음으로 힘들어하는 동기들을 만나면 착한 마음으로 두루두루 잘 지내고, 혹 너무 성격이 모나고 이상한 애들을 만나면 휘말리지 말고, 적정한 거리를 유지해라. 분별력을 가지되 판단하거나 적대적이 되지는 말고……. 어려운 일이다.

화생방은 그냥 마스크 끼고 하는 거 아니냐? 가스실에 집어넣고 한다며? 정말 많이 힘들었겠구나. 유격과 야간행군! 강훈련들만 남았네. 남자들은 나이가 들어도 군대 다시 가는 꿈을 가끔 꾼다고 하더라. 여자들은 다시 분만실에 들어가는 꿈을 꾸는데 말이다.

아들, 진짜 잘 참아야 한다. 힘들고 고된 훈련도 참고, 졸리운 것도 참고, 맛난 것 먹지 못하는 것도 참고, 무엇보다 억울한 얼차려와 엄포도 참고, 다 지나는 과정이니까 너무 겁먹지 말고 그냥 듣고 넘어가렴. 절대 아무리 화나고 억울해도 참고 견뎌라. 욱하고 성질부리면 안 된다.

엄마는 요즘 보리밥과 칼국수를 자주 먹는다. 네가 별루 안 좋아하던 음식이라 서슴없이 보리밥, 칼국수를 주문한다. 소영이가 엊그제 그러더라. 엄마가 굳이 구분을 하자면 금기 식품에 들어가진 않지만, 꿀복이 오빠가 싫어한 음식이 어디 있느냐고, 뭐든지 맛나게 싹싹 긁어먹지 않았냐고 말이다. 맞는 말이다. 그동안 엄마가 만든 음식 뭐든지 잘 먹어줘서 고맙다.

네가 소포 박스 위에 쓴 메뉴, 별이 된 간장 떡볶이의 깨, 분리수거함에 남겨진 간식 찌꺼기는 우리 집 식단 금기 메뉴가 되어 버렸다. 너랑 같이 맛나게 먹을 때까지 미뤄두려 한다. 소영이는 자기가 좋아하는 것으로 잘 먹이니까 입시생 걱정은 붙들어 매라.

소영이가 알려준 보초 설 때 잠 쫓는 방법은 좀 효과가 있니? 그래도 훈련소 시절이 그리울 거라고 하더라. 몸은 고되지만 마음은 편한 시절이라고 말이다. 함께 겪는 시간들에 서로 의지가 되길 바란다. 훈련 사진방에서 보면 철모 아래 앳된 얼굴들도 많더라.

사랑한다. 아덜!

2010. 10. 27 밤에서 28 아침에. 엄마점마

엄마, 이제 훈련소 졸업해요

To 엄마, 아빠 그리고 소영이 효도편지 ⑦

2박 3일간 못 씻었습니다. 지난 화요일부터 어젯밤까지는 솔직히 정말 한계를 맛보는 시간이었습니다. 화요일엔 걸음마 시작한 이후로 까먹었던 기어다니기를 했고, 열심히 해서 종합 각개 전투 훈련에서 우리 분대가 26개 팀 중에서 2등을 했습니다. 분대장을 맡아서 진두지휘를 했는데, 적진 탈환하고 동기들과 껴안고 뛸 때의 희열이 지금도 느껴집니다.

서울 날씨는 어떤지 모르겠습니다만, 여긴 화요일 아침부터 갑자기 영하권으로 기온이 뚝 떨어졌습니다. 그 추위 속에서 텐트를 치고 2박 3일 숙영도 했어요. 영하 6도까지 떨어졌는데, 정말로 발가락을 잘라내 버리고 싶을 정도로 추웠습니다. 1평 남짓한 텐트에서 3명씩 오들오들 떨면서 자는데, 보초 설 때와 아침 5시 반에 기상해서 밖에서 옷을 갈아입을 때는 신경이 마비되는 줄 알았습니다. 그래도 한밤중에 산속에 스며드는 달빛이 나름 아름답더군요. 너무 추워서 여기서 얼어 죽을지도 모른다는 생각도 했습니다.

목요일은 5주 훈련 중 마지막 하이라이트가 다 몰린 날이었습니다. 아침에 숙영지에서 나와서 아까 말한 종합 각개 전투를 낮에 하고 저녁에 군장 메고 야간 행군을 시작했습니다. 어깨가 빠질 정도로 무거운 군장에, 방독면 등 기타 물품들에 방탄모에 총을 들고, 딱딱한 군화를 신고 걸었어요. 30km는 정말 먼 거리입니다. 처음에 양말을 잘못 신어서 물집처럼 발뒤꿈치에 물이 고였습니다. 땀은 비 오듯 쏟아지고, 날은 추워서 두 번(원래 한 시간마다 휴식이지만 시간이 촉박해서 쉬질 못했습니다) 쉬는 동안에 땀이 꽁꽁 얼어붙었습니다. 발에 감각이 없어져서 나중엔 아프지도 않더군요. 터덜터덜 걷는 줄 알았는데, 거의 뜀걸음 하다시피 걸었어요. 하룻밤 새 살 좀 빠진 듯합니다. 몇 번이나 주저앉고 싶었지만 결국 완주를 다 해냈습니다.

저는 나약하지 않습니다.

p.s. 1. 선영이[68] 은진이 편지 와서 놀랐습니다.

2. 이번 주에는 편지 보내지 말고 자대 배치받을 때까지 모아서 보내주세요. 11월 5일에 퇴소인데 보통 편지 받는데 4일, 편지 보내서 도달하는데 일주일쯤 걸립니다. 행정반에서 주인 없는 편지들을 버리는 걸 봤어요.

3. 앞으로 남은 기간 야외 훈련은 없습니다.

4. 고무신을 꺾어 신었습니다. 만남이 짧았기에 예상하고는 있었지만, 3주 만이라니 생각보다 빠른 결말에 약간 당황했습니다. 차라리 잘 됐습니다. 생활이나 감정에 큰 타격 없습니다만, 소문이 잘못 나서 '특별관심병사'로 지정됐어요. 한동안 담배 한 대 피우겠냐는 따뜻한 배려를 받았습니다. 관심속

---

68) 엄마의 이종사촌 동생. 나보다 늦게 태어난 꼬마이모.

에서 칙사 대접을 받았지요. 아마 수류탄 투척 훈련이 있어서 더 그랬을 겁니다. 제가 엉뚱한 짓 할까 봐요. ㅋㅋㅋ 수류탄 이후 특별 대우는 원상복귀 됐습니다. 그리고 이것 때문에 제가 밤잠 안 자고 몰래 편지 읽은 게 들통 나서 혼났어요

5. 놀랍게도, 2박 3일간 그 추운 데서 엄청난 거리를 돌았는데, 머리털 하나 상하지 않고, 감기 하나 걸리지 않았습니다. 그저 콧물이 조금 나고 발바닥이 약간 뻐근한 정도입니다. 애들은 물집으로 고생하는데 전 별로 지장이 없습니다.

6. 군가도 엄연한 훈련의 일부입니다. 제 전화 찬스 포상을 격하시키지 마십시오. 전 자랑스럽습니다.

줄줄이 쓰다 보니 고백서처럼 됐네요.

2010. 10. 29. 금 아침 취침 시간에
사랑받는 아들,
그리고 오빠가.

날이 차다. 밥은 먹었냐?

사랑하는 아들! 위문편지 스물아홉 번째

오늘부터 영하권의 본격적인 추위가 시작된다고 하는구나. TV를 틀면 온통 연평도 도발에 대한 소식이고, 곧이어 이어질 한미연합 훈련 기간에 북한이 재차 도발하리라는 뉴스가 계속 나오고 있다. 전쟁이 나면 누가 안전하겠으며, 어디 숨는다고 살아남을 수 있겠니?

서울을 불바다로 만들어 버리겠다는 북의 위협으로 흉흉한 분위기에 소영이는 비상약품과 비상식량을 가방에 챙겨 가지고 다닌다. 어느 역 지하도가 깊고 넓은지 탐색도 다니고, 집 근처 대사관들을 열심히 외우고 다닌다. 어디가 미국 유럽 대사관인지 살펴 두고 말이다. 거기다가 혹시 전쟁이 나서 이산가족이 되면 어디에 모일 거냐고 미리 집합 장소를 정해 놓으라고 채근한다. 엄마는 네가 총도 제대로 못 쏘는 이등병이라는 게 엄청 걱정스러운데, 자기 살 궁리만 하는 소영이가 야속하기까지 하다.

전쟁이나 사람을 죽이는 일은 비참하고 끔찍한 일이다. 하지만, 더 큰 악과 부조리한 통치를 막기 위해 전쟁을 불사해야 할 때도 있었다. 그래도 전쟁은 다시 없어야 하는데 말이다. 북의 도발에 왜 강력하게 응징을 제대로 하지 않았냐고 여론의 목소리가 높은데, 참 책임 없는 말들이다. 어쨌든 싸움하자고 전쟁하자고 달려들 때는 같이 맞장 뜨지 말아야 하지 않을까? 얼마 전에 탈북자들을 위한 모임에 갔었는데, 김정일을 타도해도 북의 인민은 포기하지 말아달라는 당부를 하더구나.

군에서는 하루하루가 더 긴장되는 비상사태겠지? 전화 걸 형편이 아닐 터인데, 평안한 목소리로 안부 전해줘서 고맙다. 네 전화가 걸려오면 반갑고, 전화를 받으면서도 혹시 전화 걸다가 혼나는 것은 아닌지 걱정스럽다.

전화가 걸려오지 않는 날은 허전해서 '오빠 생각', '클레멘타인', '일송정' 동요부터 가곡까지 아무거나 불러 본다. '일송정'을 엊그제 혼자 부르면서 그런 생각을 했다. 이 노래가 지어질 때, 나라와 민족을 위해 먼 이국땅에서 훈련하고 투쟁하던 독립운동 시절에는 모두가 동지이고 형제였을 것이다. '계급'은 단지 질서를 위한 명령체계였을 뿐이고, 두고 온 가정과 고향을 함께 그리워하고 위로하는 동지였을 것이다. 하긴 그 시절에도 무명(無鳴)이 있긴 있었다. 이광수가 일제 식민지 상황에서도 자신들 이득에만 연연해하던 사람들을 소설에서 고발한 것처럼 말이다.

어쨌든 동지애가 사라지고, 한끝 높은 군번의 갑질이 군기라는 명목으로 공공연히 자행된 것은 6·25를 훨씬 지나서였을 것 같다. 나라와 민족의 공동체에 대한 사랑보다 개인의 안위와 풍요함을 우선으로 한 때부터, 자본주의의 돈의 논리나 사람을 수단으로 대하기 시작한 때부터, 변질된 군기가 판을 치지 않았는지 말이다. 시대가 지날수록 가해 행위나 갈굼 문화가 교묘하고 다양해지는 것 같아 마음이 무겁다. 겉으로는 풍성하지만 내면으로는 결핍과 상처가 많은 시대를 살아가기 때문일 거다.

혹 네가 군에서 억압과 불합리를 겪는다고 해도 인생의 긴 여정에서는 잠시의 시간일 뿐이다. 선임들의 갈굼에서 객관적으로 타당한 지적이 있으면 인정하고 고치고, 단절되고 제한된 군 생활이 답답하고 힘드니까 분풀이하는 갈굼이라면 그냥 한 귀로 듣고 흘려버려라. 나이가 어리든지 공부를 못했든지 인격이 어떻든지, 어쨌든 너보다 많은 날들을 군에서 훈련하고 견딘 사람들이니까 명령체계를 인정하고, '갑질'에 너무 흥분하지 마라. 네 말대로 육군의 패러다임을 바꾸려면, 네가 받은 부당함이나 가해행위들이 번복되지 않도록 잘 새겨 두어라.

옳고 그름에 대한 문제라든지, 혹시 잘못된 성희롱 등에는 굴복하거나 참지 말아야 한다. 혼자 고민하지 말고 신속하게 대응하도록 믿을 만한 선임에게든지 교회에든지 알려줘야 한다. 수신만 가능한 전화이니 적당한 시간을 맞추기 어렵겠지만, 네 상황을 있는 그대로 알려줘야 한다. 세상이 흉흉해서 군대 간 아들 걱정이 하나 더 늘었다.

날이 차다. 밥은 먹었냐?
사랑한다. 아들!

2010. 11. 26. 엄마점마가

진정한 이등병의 편지

To Mom 효도편지 ⑧

편지에 번호를 매기고 싶은데, 기억이 잘 안 납니다. 여기서 편하게 지냈는데 어떻게 편지를 보낼지 몰라 계속 안 쓰고 있었습니다. 신병 대기 기간이 끝나니 이제부터 진정한 '이등병의 편지'입니다. 바짝 긴장하고 지내서 제일 맘 편한 장소인 화장실에서 편지를 몰래 읽어요.

겨울나기 준비를 하느라 부대가 바쁘고, 또 운전 연습하느라 진땀을 뺍니다. 이제 더 이상 엄마 운전 못한다고 구박하지 않을랍니다. '레토나'라는 짚차를 모는 데, 운전실력이 발발 기어다니는 수준이에요. 훈련소에서는 다들 동기인지라 조교 눈치만 보면 됐는데, 여기에서는 일단 모든 것에 눈치가 보입니다. 원래 이등병이 다 그렇습니다.

훈련병 눈에는 황홀한 달빛도, 깨알 같은 별도 들어올 여유가 있었지만, 이등병 눈에는 달도 별도 들어오지 않습니다. 욕 먹는다 구박받는다 너무 걱정하거나 고심하지 마세요. 까닭 없이 혼나는 것은 없습니다. 다 제가 잘못해서 그래요. 익숙해지면 오히려 군 생활이 더 편하다고들 합니다. 더 강해지는 과정이라 생각하고 잘 지낼 겁니다. 오늘 아침 느닷없이 전화해서 울먹거려 많이 놀랐죠? 미안해요. 힘들어도 내색하지 않을 걸 그랬나 조금 후회도 됩니다. 아직 '어른'이 되려면 멀었나봐요.

엄마한테 칭얼대는 거. 솔직하게 말하는 것이 습관처럼 익숙해서 여기에서도 전화를 들어 주절주절 한탄을 했더랬습니다. 그러나 절대 과도한 염려는 하지 마세요. 언제나 누구나 똑같이 겪는 일입니다. 건강히 무사히 전역하고 우리 가족에게 돌아갈 날까지 걱정 근심보다는 위로와 격려로 칭찬해 주세요.

2010. 11. 20. 아들

지금(24일 저녁 9시 반) 뉴스에서는 북한 도발을 특집으로 다루고 있습니다. 엄마 걱정 마세요. 언제나 이런 위험들은 있었습니다. 전쟁을 심각하게 생각하지 않았는데, 총 쏘고 수류탄 던지고 훈련 받다보니 이제는 전쟁이 두렵습니다. 북 공격 사실이 보도되고 비상이 걸릴 때는 정말로 무서웠습니다. 내 주변 사람들이 전쟁의 위협에서 자유로웠으면 좋겠습니다.

아, 이제 취침 소등 했습니다. 어둠 속에서 희미하게 편지를 써내려 갑니다. 눈을 감았다가 뜨면 우리 집일 것만 같습니다. 눈을 뜨면 내 방이고, 소영이 학교 가는 준비에 분주하고 엄마가 아침 준비하는 소리가 들리고, 정체 모를 엄마표 알탕 냄새, 엄마 아빠의 두런두런 대화 소리, 소영이가 학교 늦겠다고 아빠에게 재촉하는 소리, 창밖에 보이는 남산, 창문 열면 방 안을 돌아가는 바람, 베란다 밖 나무 숲.

2010. 11. 24.

현재시간 10시. 침낭 속에서 후레시를 입에 물고 몰래몰래 편지를 쏩니다. 25일 밤이에요. 오늘 병원에 다녀왔어요. 오랜만에 아침 점심 저녁 3번 전화를 드렸습니다. 26일이 우리 가족 탄생일이니까요. 엄마 아빠 결혼기념일 감사해요. 왠지 몰라도 26일과 28일을 헷갈려서 사흘 남은 줄 알았습니다. 엄마, 아빠, 그리고 소영이. 가족이 있어 행복합니다. 가족이 있어 든든합니다. 그리고, 우리 가족이 평안하게 지낼 수 있도록 군 복무를 하게 되어 자긍심을 더할 수 있습니다.

연평도 포격으로 말년 병장이 사망했습니다. 저는 군 복무 마치는 그날까지 안전하게 몸 건강히 잘 지낼 겁니다. 걱정 마세요. 이제 통금[69] 풀어주어도 되는 '군인 아저씨'입니다. 조용히 책 읽다가 자야겠습니다. 안녕히 주무세요!

2010. 11. 25.

---

[69] 고등학생 때부터 자취를 하다가, 22살에 다시 가족이 함께 살게 됐다. 엄마는 아들이 여전히 열일곱 아이로 보였는지 암묵적으로 11시 통금을 세워 뒀다.

TV에서 중계하는 장례식을 보고 있습니다. 연평도 포격에서 사망한 두 장병의 영결식입니다. 한 명은 89년생, 한 명은 91년생. 각각 만 21세, 19세네요. 속이 뜨거워집니다. 자식 잃은 부모의 오열이 있었습니다. 지금 전군 비상이라 출동 태세를 하고 있습니다.

전쟁. 우리나라의 현실입니다. 저들에게 또한 남겨진 유가족들에게 계급특진과 화랑무공훈장이 그 무슨 소용일는지. 짧디짧은, 초개 같은 인생이라지만, 채 피어보지도 못하고 죽은 저들에게 저는 말을 잃습니다. 60년 전 전쟁의 그 날에는 얼마나 많은 '어린 청년'들이 이름도 없이, 명예도 기록도 없이 죽어갔었는지요. 분노를 느낍니다. 애끓는 슬픔을 느낍니다.

이런 슬픔을 다시 겪지 않는 날이 오기를……

오빠야 나 종로대학 다닌다

오빠야~~~ㅋ 진짜 오랜만이다!! 내가 요즘 좀 많이 바빴거든. 흐아. 뭔가 학원에 오니까 '아, 내가 진짜 재수까지 하게 되는구나! ㅠㅠ' 하는 생각이 팍팍 드는 생활을 하게 되더라고. 생활 자체는 딱히 달라진 게 없어. 아침 6시 반에 일어나서 7:50까지 학원 가서 (자리가 선착순이라 가운데 자리 맡으려면 빨리 가야 해서⋯⋯. 원래는 8:20까지야) 9시까지 자습하고 10시에 집 도착. 12시까지 공부하다가 취침. 이거 원 고등학교 4학년임. 엄마가 사람들이 물어보면 농담으로 종로대학 갔다고 그러는 거야. 사람들은 '아 그래요? 잘 됐네요. 근데, 실례지만 어디 쪽에 있었죠? 잘 기억이 안 나서요.' 하면서 있지도 않은 대학 갔다고 믿고. 엄마보고 사람들이 진짠 줄 아니까 그런 농담 좀 하지 말라고 막 뭐라 했더니 이젠 안 하는 거 같더라고. 아예 처음부터 하지 말지 그랬어~ㅠㅠ

지금 학원에서 자습 시간에 쓰는 거야. ㅎ 밥 먹고 난 후라 조는 것보다는 이게 더 나은 거 같아서 ㅎㅎ 올해 마지막 날인데 한 장이라도 써서 보내야지 ㅎㅎ 여기 학원에서 사귄 애들 중에 의정부 사는 애가 있어서 매일 날씨 물어봐. 여기도 눈 많이 왔는데 거기도 무지하게 눈 많이 왔다며. 우리 오빠 틀림없이 눈 쓸고 있을 거라 생각하니까 뭔가 기분이 나빠지더라고. 하필이면 이번 해에 눈 많이 내리고, 보초 서야 하는 날 엄청 춥고.

에휴……. 오빠야 많이 힘들지?ㅠㅠ 힘내! 그냥 힘내라는 말밖에 해 주지 못해서 미안해. 오빠가 얼마나 힘든지 알지도 못하고 마냥 하루하루 편하게 보내는 것도 미안. 솔직히 내가 수능 끝나고 오빠 위해서 기도하려고, 새벽기도 가려고 했는데, 재수하게 되는 바람에 편지도 자주 못 쓰고 기도도 잘 못 하고 요즘 교회도 못 간다며. 하아……. 진짜 오빠가 뭘 어쨌다고 힘든 시간을 보내는 건지.

학원 선생님이 그러더라. 기쁜 일과 슬프고 힘든 일은 반땡이라서(확률 쪽으로) 지금 힘들지만(물론 우리 입장에선 재수, 오빠 입장에서는 군 생활)이 시간이 지나면 반드시 힘든 양과 동일한 양의 기쁘고 행복한 시간을 보내게 될 거라고. 그러니까 오빠, 나도 열심히 공부할 테니까 오빠도 생활 잘하고 힘내. 그렇다고 너무 참지도 말고. 밥은 잘 먹고 다녀? 아직도 5분 안에 입 안에 밥 쑤셔 넣고 뛰어야 되는 생활을 하는 건 아니겠고. 아니지?? 아니라고 해줘. 아직도 그렇다면 나 군대에 따지러 갈지도 몰라.ㅎ 농담이야. 하지만 진담도 50%있어.

여기 학원은 밥이 너무 잘 나와서 먹을 때마다 오빠한테 미안할 정도야. 군대 급식은 학교 급식 이하라며.ㅋ 돼지 콜레라 돌면 돼지고기 나오고 조류 독감 나면 닭이랑 오리 나오고. 요즘 구제역 때문에 난리 났으니까 지금은 소고기 많이 먹겠다. 고기 고프다고 너무 많이 먹지는 마. 그거 일반인들이 먹기 꺼리니 주는 거잖아. 우리 오빠 소중하니까 아무거나 막 주워 먹으면 안 돼 ㅋㅋㅋㅋㅋㅋㅋ 아 근데 뭔가 지금 쫌 뻘쭘하다. 아까 애들 몇 명이 엎드려서 자고 있었는데 지금 보니 나 빼고 다들 열공 모드 아니지. 졸 시간대신 하는 거니까 뭐 아까울 거 없잖

아. 요즘 너무 공부만 해서 머리가 지끈거려. 이럴 땐 휴식이 필요해. 아무렴. ㅋ 뭔가 어설픈 변명이었다. 취소!

여기 시설은 좋은데 너무 답답해. 환기하는 창문도 조그마한데 그나마 활짝 안 열리는 거라 산소가 부족해. 보통 학교 교실보다 조금 더 작은 교실에 55명이 따닥따닥 붙어서 공부한다고 생각해 봐. 남녀 합반이라 좀……. 남자애들 땀 냄새 때문에 더 좀 그래(여기 난방이 너무 잘 돼 있어서 다 같이 더워서 땀 흘릴 정도야.ㅠㅠ). 그래도 내 상황이 오빠보다야 훨씬 낫겠지.

오빠야 우리 착하고 똑똑하고 잘난 우리 오빠 진짜 보고 싶다. ㅠㅠ 저번에 면회 때도 오빠 일찍 들어가야 돼서 얼굴도 별로 못 봤는데. 또 살 많이 빠졌을 거 같아. 흐아 ㅠㅠ. 사진으로는 부족해. 다음 면회는 언제야? 새해 때 또 만나야지ㅎㅎ 이번 설에는 세뱃돈 못 받겠네. 아 뭔가 약 올리는 듯한 말투가 돼버렸어. 미안. 내 맘 알지?ㅎㅎ 그나저나 이번 설날 진짜 별로겠다. 오빠는 군대에 난 재수학원에. 학원 쌤이(담임 선생님이) 학원에 언제든지 올 수 있으니까 집에서 천덕꾸러기 취급받지 말고 자유롭게 공부하래. 그게 더 우울하지만, 한편으로는 괜찮을 것도 같고 친구들(학원에서 새로 사귄 애들)도 온다고 했으니까 이왕 공부하는 거 열심히 하면 좋잖아?! 라는 생각이 자꾸 들어서 뭔가 내가 아닌 거 같아 ㅠㅠ 아 또 내가 봐도 주저리주저리 알 수 없는 말로 종이를 채웠네. 으음. 그래도 오빠는 잘 읽어주겠지? 아니어도 그렇다고 해줘.

그러고 보니 이번 해에는 참 많은 일들이 있었네. 이사 온 것부터 시작해서. 뭔가 굉장히 시간이 안 가는 것 같으면서도 지금 와서 보면 금방 지나가 버렸어. 오빠야. 하루하루가 힘들고, 지치고, 그냥 다 포기하고 싶겠지만, 나중에 돌이켜 봤을 때는 하루처럼 금방 지나간 시간으로 기억될 거야. 분명(뭐라는지 나도 잘 이해가 안 가지만) 군대에서 지내도 오빠 본연의 모습 잃어버리지 않았으면 좋겠어. 해준 것도 없이 말로만 뭐라뭐라 할 그건 아니지만 진심이야. 난 오빠가 얼마나 힘들지 알지도 못하고 도와주지도 못하지만, 하나님께서는 오빠를 항상 지켜주시고 사랑하시니까 좌절하지 말고 희망을 가졌으면 좋겠어. 잘 버텨줘. 오빠 덕분에 우리 모두 두 발을 뻗고 잔다. 고마워!

사랑한다 오빠야! 힘내고~! 오빠 위해서 기도할게! 그리고 새해 잘 보내. 좀 그렇지만 그래도 HAPPY NEW YEAR!

p.s. 몸 안 다치게 잘, 조심해서 건강하게 지내고(제발 똑똑한 오빠로 남아줘~)!

2010. 12. 31

새해 첫날이 밝았습니다

To Mom 효도편지 ⑨

2011년 새해 밤에 몇 자 몰래 적어봅니다. 돌아보면 2010년 한 해가 정말 감사해요. 심지어 여기서의 생활은 군인이 누릴 수 있는 것 중 최고급입니다. 사단 사령부니까요. 그래서 힘들다 칭얼대는 것은 사실은, 스스로가 군인임을 망각하는 건방진 짓일지도 모르겠습니다. 매 끼니마다 맛있는 식사도 양껏 먹고, 바로 옆에 PX가 있어요. 특히나, 제가 비데를 쓰고 있다는 것을 아시면, '아, 이놈 군대가 아니라 '병영캠프' 갔구나' 하실 걸요? 매일 따뜻한 물로 샤워를 합니다. 빨래도 자주자주 하고요. 훈련소 생활에 비하면, 여기는 천국입니다. 물론 조교급 혹은 '+알파'의 긴장을 주는 선임들과 함께한다는 것만 빼구요. 여기서의 생활이 슬슬 적응됩니다. 이제 정말 군인 아저씨입니다. 시간이 안 가는 듯 느껴져도 일주일씩 휙휙 지나갑니다.

엄마! 우리 콩쥐 엄마. 소영이 입시도 아빠 목회도 다 잘 될 꺼예요. 옆에서 '정신상담' 해주던 아들이 군대 왔다고 속으로만 썩여두지 마시고, 현명하게 스트레스 풀면서 잘 지내세요. 저는 요즘 기도하면서 욕도 한답니다.

"하나님 아버지, X발 저 새끼, 미워 죽겠습니다. 그렇다고 다리나 똑 부러지면, 괜히 쫄병인 저 심부름이나 더 시키지 별 거 있겠습니까? 그냥 저놈 얌전히 잘 전역해서 제 눈앞에서 사라지게 해 주세요. X발! 감사합니다! 아멘!"

성경에 나오는 저주하는 말들도 약간 고상하게 다듬어지고 번역되느라 그랬지, 기본 내용은 이런 기도였지 않았을까요?

여하튼, 콩쥐 엄마의 건승을 기원합니다.

2011. 1. 1. 근무 전 침낭
본부중대 콩쥐 겸 동네북 아덜 이병 임종인

p.s. 젠장! 오늘 관물대에 넣어 둔 먹을 것들이 몽땅 사라졌어요.
     누구야 X발!

넌 약하지 않다!

연일 강추위와 눈 소식이다. 유난히 눈도 많고 추운 겨울이다. 소영이 영어 편지는 잘 읽어 보았니? 어제 주영이 누나[70]가 택배 보낸다고 하던데, 누가 예쁘냐고 물어보거든 친구라고 그래라. 은진이 사진은 사물함에 잘 붙여 놓았니? 며칠 전에 예슬이 놀러 왔는데, 소영이가 예슬이도 막 찍어 보내던데?

아들! 눈치 좀 있어 봐라. 남들이 '걸그룹' 나오는 TV 보면 너도 재밌다고 하고, 여자 사진 붙이면 너도 아무거나 붙여 봐! 이 융통성 없는 놈아~

수험생 밥이 부실한 것 같아 소영이 좋아하는 사골국을 끓이면서 밖을 내다보니 하늘에선 펑펑 눈이 내린다. 부엌 앞 풍경으로는 미군부대에서는 여러 사람이 나와 눈을 쓸기도 하고 긴 써레로 눈을 한쪽으로 몰아넣기도 하는구나. 쌓이면 치우기가 더 어려운지 서로 구역을 맡아 열심히 눈을 치운다. 우리 아들이 맡은 구역은 어디일까?

녹차 한 잔 들고 소파에 앉으니, 눈 내리는 풍경이 뒤편하고는 정반대였다. 아름드리 나무들과 길에 소복이 쌓인 눈은 몽고메리의 '초원의 집[71]' 풍경이다. 저장고에서 익어가는 훈제고기, 통나무집, 단풍시럽이

---

70) 엄마가 생각하는 세상에서 제일 이쁜 누나
71) 루시 모드 몽고메리의 소설 〈초원의 집〉

든 창고, 나뭇잎 태우는 냄새가 동시에 나는 듯하다. 아니 나무 기둥 안에 작은 요정이 고깔모자를 쓴 채 잠들어 있는 것 같은, 금방이라도 깨어서 요술 지팡이를 흔들어 행복한 세상을 만들어 줄 것 같은 풍경이다. 눈이 내린 것만으로도 딴 세상이구나.

평화로운 아침인지 안부를 묻는다. 평안하다는 소식을 들었는데도, 좀처럼 긴장이 풀어지지 않는다. 장마 끝에 비치는 햇살이 반갑다기보다, 꿈인지 생시인지 믿기지 않아 의심이 먼저 드는 것처럼 말이다.

엄마를 걱정시키고 싶지 않은 마음에다 보안상 의례적으로 치러지는 검열과 도청에 대한 제약들 때문에 너는 내게 조약돌만 던져 줬지. 난 그 조약돌을 따라 네 상황과 심경을 헤아려보곤 한다. 속이 헤픈 네가 내무반에서 같이 나눠 먹으라고 보낸 택배를 혼자 화장실에서 먹었다는 것은 그만큼 관계가 편하지 않다는 얘기였다. 유머러스하게 털어 놓는 불평 섞인 기도는 선임들의 부당함에 대한 분노와 미움의 척도였고, 패러디는 문제를 덜 심각하게 넘겨보려는 애씀인 것을 직감했다.

대부분 밝은 목소리로 안부를 전해왔지만, 자대배치 2개월 만에 12kg이 줄었다는 것은 신문에 나오는 해병대, 의경의 고질적인 문제에서 너도 자유로울 수 없다는 징표였다.

"숨이 막힐 것 같아!"라는 한 마디로 네가 감추어둔 퍼즐의 조각이 단번에 맞춰졌구나. 표적에 걸린 것 같은 두려움. 쉽사리 끝날 것 같지 않은 집요한 추적, 해결점이 보이지 않는 막막함. 네 입으로 내뱉지 않은 구타와 가혹행위의 절박함이 온몸으로 느껴졌다. 어렵사리 아쉬운 인연을 찾아 네 상황이 어쩐지 알아봐 달라고 요청했을 뿐이다. 일이 커지기를 바란 적도 없고, 더더구나 네가 더 어려워지리라는 것은 상상도 못했다. 너와 대화를 나눠준 분은 고질처럼 깊어진 문제들을 그대로 덮어두면 안 된다고 판단했고 적극적으로 문제를 해결해 주려 한 것뿐이다.

부대에서 네 문제를 해결하려면 여러 사람이 처벌을 받아야 한다고 선처를 구하는 전화가 왔었다. 일이 벌어진 이상 우리는 네가 실제적인 도움을 받고 구조적인 상황을 좀 피할 수 있기를 바랐구나.

너는 용서라든지 이해라든지 이런 식상한 단어를 입 밖에 내지도 않았고, 상황을 피하지도 않았다. 단지, 넘어진 자리에서 견뎌 보겠다고만 했다. 그런 너의 결정에 의젓하긴 하다만, 불안한 걱정이 앞선다. 당장에 처벌을 피하기 위한 임기응변으로 선임들이 잠시 얌전할 수도 있는 것인데, 너무 낙관하지는 마라.

보이는 게 전부는 아니니까 지혜롭게 잘 분별하고 처신해라. 자체 조사나 처벌이 조용히 덮어지고 나면 또 다른 방법으로 널 힘들게 할 수도 있다. 많이 속상하다. 엄마 마음 같아서는 다 영창 보내 버리고 싶다. 그래도 네 결정을 인정하고 지원하마.

네가 굳이 그 자리에 남아서 버텨 보겠다고 했으니까, 힘내렴!

건강하게 씩씩하게 잘 견뎌라.
넌 약하지 않다. 잘해낼 거다.

2011. 1. 14. 엄마

이름 모를 새

To Mom 효도편지 ⑪

～～～～～～～～～～～～～～～～～

바쁘게 점심식사를 하고 잠깐 집에 전화한다고 한 게, 짜증만 부렸네요. 잘 지낸다는데 왜 자꾸 걱정하느냐고, 초콜릿 보내지 말라고.

엄마 속과 생각, 의도를 모르는 바는 아니지만, 왜 그렇게 짜증을 부렸는지, 더 따뜻한 말은 할 수 없었는지.

선탑자를 기다리는 시간 동안 두 통의 편지를 뜯어보니 속이 빨갛게 매워옵니다. 미안한 마음, 고마운 마음, 후회. 이 모든 게 섞여서 마음을 울립니다. 해서 차 창문을 열고 시원한 바람에 날려 버리고 있어요.

'쉽지 않다' 제가 쓰는 말입니다. 단순히 '힘들다'의 완곡어법으로만 듣진 마셔요. 말 그대로 쉽지 않지만 잘 감내하고 감당할 수 있다. 걱정 말라. 믿어 달라. 더 성장하겠다. 이런 의지를 섞어 쓰는 겁니다.

감당하기 불가능할 때, 이건 아니다 싶을 때, 그땐 제가 먼저 손을 벌릴 겁니다. 전화에 대고 쏘아붙이듯 화를 내서 미안해요. 너무 서운케 생각 말고

아, 아들내미 자식이 잘 지내고 있구나. 있는 그대로 믿어 주세요.(다른 선임들은 힘들어도 부모님께 말 안 하는 걸 엄청 자랑스럽게 여기던데, 난 그런 모습이 쉽게 이해가 가질 않더라구요)

갑자기 굳 아이디어가 떠올라 편지 뒤에 편지를 씁니다. 종이를 받칠

만한 게 없어서 방탄조끼를 아래에 대고 편지를 써요. 제일 이등병다운 편지입니다.

북쪽에서 바람이 불어옵니다. 바람 냄새가 싸아~~해요.

두 번째 와 본 곳인데, 여기 바람 냄새는 참 복잡한 생각이 들게 합니다.

굶주려 쓰러져 가는 북한 주민들의 마지막 숨 한 자락, 패망을 눈앞에 두고도 정신 못 차리는 이북 위정자들의 거북한 트림, 꺼~억, 가족을 그리워하는 수많은 사람들의 한탄, 그 모든 게 섞여들어 마음이 싸아~해집니다.

편지를 쓰고 있는 곳이 어디냐구요? 안보상 기밀입니다.

중요한 건 그동안 무심히 들어 넘겼던 '북한'의 존재를 제가 이제 보고, 피부로 느끼고 있단 거예요. 머리엔 방탄모를 몸엔 방탄 조끼를 착용하고 드넓은 평야를 바라봅니다. 핏값으로 지켜낸 우리 국토입니다.

편지 쓰고 있었는데 작은 새 한 마리가 차에 와서 깝작댑니다. 그 새 이름을 모르겠어요. 누가 그러던데, '이름 모를'이 얼마나 낭만적인지 아느냐고.

이름 모를 새, 이름 모를 작은 들꽃, 이름 모를 그대, 이름 모를 엄마 첫사랑······.

여튼 새 한 마리가 안부를 전하는 양 날아다닙니다. 여긴 독수리가 많은 데 겁도 없네요. 아~ 엄마 고향이 철원이니까, 엄마도 독수리나 솔개도 종종 봤겠네.

내가 이 정도? 새가 얼마나 큰지 무서울 정도예요. 그림 삽화 실력은 미안해요. 그래도 감사하세요. 누구 아들이라는 무언의 증거니까. (엄마 그림 못 그린다고 흉보는 것은 아님)

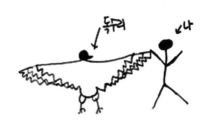

에르네스토 '체' 게바라. 혁명가. 나의 우상!

부잣집 아들에다 의사, 학자였던 에르네스토는 남미 일주 여행을 한후, 혁명가 체 게바라가 되었습니다. 'CHE'가 그쪽 말로는 굉장히 자주 쓰이는 단어래요. 김구 선생님이 '백범'이라는 호를 아꼈듯 그 또한 자기 별칭을 사랑했다죠. 고위층의 자부심 어린 화려한 언어도 아닌, 터프한 혁명가들의 객기 어린 어휘도 아닌, 영혼이 맑은 어린아이의 입에서도 쉽게 나오는 지극히 서민적이고 친숙한 단어 'CHE.'

이처럼 작고 친근한 단어가 위대한 인물을 지칭합니다.

엄마 첫사랑

보고픈 우리 아들! 위문편지 쉰두번째

새벽에 새가 울고 갔다. 작고 여리고 고운 새가 엄마 방 창문 앞에서 노래를 부르더구나. 보지 않아도 아주 작고 귀여운 새일 것 같다. 이 겨울에 어디서 추위를 견디고 먹이를 구했을까? 목소리도 작아 우리 집 안방까지만 겨우 들린 것 같다. 메마른 가지밖에 남지 않은 나무 위에서 맑고 깨끗한 노래를 불렀다. 아침부터 아주 기분이 좋구나. 명절 음식 만들기와 형제 친지들 만나기가 좋기도 하지만 피곤했다. 노곤하고 힘들었는데, 많이 위로가 되더구나. 마른 가지 위에서도 노래를 부르는 작은 새.

체 게바라. 인간적으로도 존경할 만하고, 사실 남자로도 아주 매력적이다. 엄마의 이상형이다. 이 세상 사람도 아닌데 사진만 봐도 가슴이 두근거리기까지 한다. 그의 구레나룻과 굳게 닫은 입술은 남성적이면서도 영혼의 깊은 고뇌를 느끼게 한다. 그는 총을 들고 전투에 나가야 할지 부상을 당한 동료 게릴라를 치료해야 할지. 의사와 게릴라라는 자신의 소명에 갈등했다고 한다. 중남미의 불평등한 사회구조 개혁을 위한 그의 외로운 투쟁은 오랜 세월 후에도 여전히 빛나는 별이다. 체 게바라의 생애와 일기가 담긴 책이 너희들 방에 어디 굴러다니던데 잘 챙겨두어야겠다.

오케스트라 친구[72]가 편지를 보내준다니 고맙네. 군인 아저씨 기분 괜찮겠는데? 김칫국부터 마시지 말고 일단 좋은 친구로 대화를 잘 나누렴. 네가 좋아서 그럴 수도 있지만, 그냥 편안한 친구로 생각해서 편지를 써 줄 수도 있는 거다. 엄마한테 합창단 친구들처럼 말이다. 이성으로도 끌린다면 가끔 남자다운 모습을 순발력 있게 어필할 필요가 있겠지. 어쩌냐! 은진이도 점점 예뻐지던데?

엄마 첫사랑! 가슴 속에 그리운 별이 된 사람이지. 기껏해야 음악 같이 듣고 코스모스 길 같이 걷고 축제 때 손잡고 춤춘 것밖에 없는데, 하마 한세월이 지났는데도 찬바람이 부는 가을날이나 인생이 서러워질 때면 가끔은 생각난다. 그래도 만나고 싶진 않다. 엄마가 좋아한 것은 성공한 중년이 아니라 순수하고 맑은 소년, 그 영혼이었으니까. 어쩌면 첫사랑 그 대상이 그리운 것이 아니라 엄마 인생에 가장 순수한 때, 그 시절이 그리운 것인지도 모르겠다.

위문편지 아니라, 심란 편지 아닌지 모르겠다. 주책이다. 아들이 첫사랑으로 고민할 때 엄마가 첫사랑 운운하니 말이다.
조금 편해졌다는 말이 그렇게 믿어지진 않지만, 지혜롭고 강건하기를……. 사랑하는 아덜 잘 지내!

2011. 2. 4. 오마니가.

---

72) 점점 관심을 갖고 신경쓰게 된 동아리 친구. 짧은 치마.

유난히 추웠던 겨울

콩쥐 이병 보아라! 위문편지 쉰여섯번째

며칠 날씨가 풀려서 마음이 편했다. 다시 꽃샘추위가 온다고 해도 이 제 추위는 거반 지난 것 같다. 길어야 한 달 반이다. 기상청에서도 올겨 울이 유난히 길고 추웠다고 한다. 삼한사온, 중간에 따뜻한 날 없이 계 속해서 추웠기 때문에 그렇다는구나. 엄마는 이번 겨울이 인생에서 제 일 추웠던 것 같다. 아들이 콩쥐 이병으로 지낸 시간이라 혹독하리만큼 춥게 느껴졌다. 이렇게 며칠 풀렸다가 다시 추워진다니까, 푸근한 날씨 에 온기 듬뿍 받아서 남은 추위를 잘 지나길 바란다.

의무대대에서 본 네 얼굴이 자꾸 마음에 걸린다. 어렸을 적엔 하도 뛰어다녀서 비쩍 말랐었고, 또 대학 준비하는 시절에 몸이 축나기는 했 어도, 이번처럼 형편없지는 않았다. 의무실 면회 내내 너는 애써 웃었 지만, 때깔 없는 네 얼굴에 마음이 아팠다. 겨울 햇빛에 그을은 얼굴, 12kg이나 빠진 초췌하고 지친 모습, 추위를 가려줄 것 같지 않은 헐렁 한 군청 가운. 이런 네 모습을 보고도 엄살 부린다고, 의무실에 입원했 다고 뭐라 하는 네 선임은 정말 인정머리가 없구나.

잘 버텨보겠다고 하더니 아무래도 내무반에서 잘 지내기가 어려운가 보다. 너는 수송부의 거칠고 억압적인 분위기가 적응하기 어렵겠지만, 다른 사람들은 턱없이 융통성 없고 고지식한 너의 삶의 방식에 답답함

진 술 서

10-736706 일병 임종인

상기명 본인은 2011년 3월 8일 정비관님의 지시를 불이행하는 잘못을 저질렀습니다. 3월 8일 운행 복귀 후 정비관님께서는 다음날 있을 운전 교육을 위해 지형숙지용 지도를 작성하라고 하였으나 이를 받아 숙지하고 운전 교육시 지참하라고 말씀하셨습니다. 그리고는 중대 막사로 복귀하였고, OOO 일병이 정비관님께 내일 아침 제출할 지도라면서 개인 정비 시간을 할애하여 지도를 작성하는 것을 보았습니다. 다음날은 OOO 일병의 휴가였기에 OOO 일병은 제게 정비관님께 완성된 지도를 제출해 달라고 부탁했습니다. 그러나 그 다음날 저는 그 지도를 챙기지 않았고, 결국 지형숙지용 지도를 미소지한 채로 운전교육을 받았습니다. 정비관님의 명을 충실히 실행치 않고 게으르고 나태한 자세를 보여 죄송합니다. 동일한 잘못을 반복하지 않도록 하겠습니다. 죄송합니다. 또, 이에 진술서를 작성합니다.

2011. 3. 9.
OOOO대대 본부중대
일병 임종인

과 이질감을 느낄 수도 있을 거다. 옳고 그름의 문제에는 양보함이 없어야 하지만, 상대의 다른 삶의 모습조차 그른 것이라고 배제하면 함께 지내는 일이 더 힘들어질 게다. 객관적으로 상황을 직면하고 설령 분명히 도덕적으로 윤리적으로 옳지 않아도 네가 바꿀 수 없는 상황이면 부딪히지는 말았으면 좋겠다. 불합리나 부당함에 불편한 분노가 반사적으로 튀어나와도 내색하지 말고, 네게 힘이 생겨서 바로 잡을 수 있을 때까지는 좀 참아내라.

잊지 마라. 부대 안의 거친 분위기에 휘둘리지 말고, 그래도 서로 의지가 될 만한 친구들을 잘 찾아보렴. 세월이 지나면 또 힘겹게 견뎌낸 이 시간조차 재밌어질 거다. 논산 훈련소 쪽으로는 오줌도 안 눈다는 사람들조차 세월 따라 잊혀지면, 군대 이야기로 밤을 새운다잖니? 추억으로 남겨질 날을 기대하며 또 잘 견뎌내길 바란다. 입시전쟁을 치르고도 학교가 그리워 찾아오는 학생들은 있어도, 군대 그립다고 찾아오는 사람은 아무도 없댄다. 군종들도 군인교회를 다시 찾지 않는다는데, 너는 어째 다시 찾아갈 것 같다.

몸은 좀 어떠니? 위가 안 좋은데 맨밥 먹기가 곤욕이겠구나. 아파서 힘들겠지만 네 몸과 컨디션 관리 잘해라. 훈련이고 내무반 잡무도 너무 열심히 하지 말고, 규모있게 잘 조절해야 한다. 아프면 너만 힘들잖니. 엄마는 아무것도 해줄 수 없는데... .

소영이는 신났다. 서영이[73], 하윤이[74] 모두 같은 학원에 다닌다. 같이 밥도 챙겨 먹지 공부도 하지. 그러니까 덜 힘든가 봐. 이번 입시에서 주희[75]만 이모부의 필사 노력으로 여기저기 붙은 것 같다. 이왕에 학교 입시 지도를 맡고 있으니 이모부 딸만 챙기지 말고 우리 딸도 좀 붙여주지 그랬냐고 아쉬운 소리를 했다. 이모부가 지난주에 소영이 따로 불러서 수능 영어 문법 정리하는 방법을 지도해 준 모양이다. 아무튼, 주희도 잘 되었고, 소영이도 동반 재수라 지낼 만하다.

아들! 평안하길.

2011. 2. 11. Mom

---

73) 엄마의 이종사촌 막내. 나보다 세 살 어린 꼬마이모.
74) '카데라 통신사'를 운영해 준 엄마 친구 인영 이모의 작은 딸.
75) 사촌동생

치킨이 보고 싶다구?

보고픈 우리 아덜에게 위문편지 예순일곱번째

~~~~~~

부대를 '네 집'이라고 하니 섭섭하지만, 잘 적응하고 있다는 이야기로
들린다. 오히려 집이라고 생각하고 남은 군 복무를 잘 감당하면 좋겠다.
규칙적인 군 생활의 훈련과 주어진 일상에 적응하면서 그냥 그 자리에
성실하게 사는 법-'견디는 법'을 배웠으면 좋겠다. 거창한 목표를 설정
하고 성취하려고 버거워하지 말고…….

초등학교 때부터 합창단이다 바빴고, 청소년기에는 악기 레슨받으러
서울 먼 길 다녔고, 입시 때에는 진로를 바꿔 공부 따라잡느라고 애쓰
고, 대학에선 학점 챙기느라 치열하게 경쟁하고. 늘 버거운 목표설정으
로 애쓰는 것이 안쓰러웠다.

군 생활에서는 훈련을 잘 받고 안전하게 건강하게 지내는 것이 우선
이라고 생각한다. 무슨 특등 사수니 뭐 그런 목표 세우지 말고. 그러니
까 지금껏 네가 살아온 생활 양식(목표가 주어지면 집중해서 이뤄내고 성취
감을 얻는)은 지양했으면 좋겠구나. 지향? 아니다. 군대생활을 대충 하
라는 이야기가 아니라, 자신에게 주어진 일들이 때론 비효율적이고 작
은 업무라고 타박하거나 허탈해하지 말라는 거다.

어차피 군대는 개인의 자율성이나 창의성을 계발하는 곳이 아니라,
국가의 안보와 군사력 강화를 위한 곳이잖아. 개인인 '나'를 발휘하는
곳이 아니라, 전체 공동체를 이뤄가는 한 부분에 불과한 것이니까, 때로

는 일들이 무의미하다는 등, 무가치하다는 등, 네가 수단이나 부품이라는 생각과 회의가 들어도 그냥 잘 견뎌내렴.

너무 열심히 차 닦다가 들켜서 고참들 시말서 쓰게 만들지 말고[76], 군인교회에서 너무 열심히 바이올린 켜서 군악대 파견?나가지 말고(아니다, 그건 네게 숨통을 트이게 하는 일이지?) 마라톤처럼 롱런으로 군 생활 잘 감당하길 바란다.

네 편지를 받고 우리 가족 모두 감동했구나. 서로 자랑하면서 돌아가며 읽고 또 읽었구나. 엄마는 오랜만에 받는 아덜 편지를 읽다가 침대 머리맡에 편지를 두고 잠들었고, 소영인 손에 들고 다니다가 잃어버렸다. 토요일에 친구들 만날 때 자랑하려고 했는데, 편지가 어디 숨어서 안 나오니까 동동거린다. 유흥비 금일봉은 곧바로 안전하게 두었는데, 편지는 이방 저방으로 들고 다녔나 봐. 오늘 대청소 하면서 찾아줘야겠다.

네가 보내 준 '유흥비'에 소영이가 완전 감동했다. 책을 사 보거나 저금을 하라는 것이 아니라, 재수하느라 지친 몸과 마음을 위로하는 용돈으로 쓰라는 당부! 이래서 자기는 오빠를 좋아하지 않을 수 없다나? 그래, 넌 연애도 잘하고 가족들도 잘 꾸려 나갈 것 같다. 늘 따뜻하게 배려하는 맘으로 말이다. 군바리가 완전 무리했구나.

---

76) 1호차 선임의 명을 받들어 겨울 저녁이 늦도록 세차를 하다가 간부한테 걸렸다. 결국 내 과도한 열심 때문에 그 선임이 진술서를 썼다.

치킨이 보고 싶다구? 엄마도 보고 싶다는 말로 들었는데, 짜장면은 안 보고 싶니? 이번 주에 면회 갈 때 치킨 가져갈게. 한 달에 한 번이라도 꼭 가보고 싶은데 상황이 여의치 않다니 할 수 없지 뭐. 고참들이 수송부 잡무나 내무반 청소에 자주 빠져나간다고 싫어할까 봐 눈치 보이고, 면회 와주는 가족이 없는 내무반 동료들에겐 상대적 박탈감 느끼게 할까 봐 조심스럽다니…… .

면회 얘기 하니까 생각이 났다. 너랑 하루 차이로 논산 훈련소 간 군인이 있거든. 여러 인연을 건넌 집 이야기인데, 거기 아들은 매일 전화해서 면회 와달라고 한댄다. 엄마가 못 오면 누나들이라도 와 달라고 통사정이라는데, 누나들이 질색을 한대. 처음에 딱 한 번 하루 종일 면회소에서 할 일도 없이 붙잡혀 있고 나서는 누나들이 면회 말도 못 꺼내게 한다는구나. 남의 사정보다 자신의 감정과 욕구에 충실한 그네들을 심리적으로 건강한 처자들이라고 봐야 할지, 무정한 년들이라고 야단쳐야 할지 잘 모르겠다. 동생이 군복무 하느라 몸과 마음으로 힘든데, 절대 안 가겠다는 누나들은 아무래도 낯설다. 우리 집 분위기하고는 영 다르니까.

소영이는 면회 갈 때 안 데리고 갈까 봐 이 핑계 저 핑계 대면서 토요일 논술 강의를 안 듣기로 했다. 하윤이가 말해주기 전까지는 논술 강의가 있는 줄도 몰랐다. 500원짜리 동전이 유용하다는 네 주문에 소영인 부지런히 동전을 모은다. 은행에 가서 만 원 내고 한꺼번에 바꾸는 것보다 오빠를 생각하며 동전을 하나씩 모으는 게 더 좋다나?

2011. 3. 28. 새벽에 엄마

진짜 후임 관리

역시 이등병 졸업하니 훨씬 편하게 지냅니다. 다른 선임들하고도 제법 잘 어울리고요. 제가 찔렀던 병장들도 전역하니 슬슬 군 생활이 풀립니다. 한 번은 선임들이 그래요. 대답 한 번만 양보하고, 그 사람들 눈치 보면서 적당히 잘 넘겼으면 됐다고요. 큰 사건도 안 나고 운행 잘 다니고 해서 많은 것을 얻을 수 있었는데, 그래도 교회는 가야 한다는 한마디를 양보 못 해서 그 어려움을 겪느냐고 말예요.

그 선임들 보기에 바보 같은 짓을 한 거지만, '실수'와 '잘못'이라고 둘러대면서 별것 아닌 것처럼 포장했지만, 분명히 알고 있습니다. 인생에 있어서 무엇이 최선이 되어야 하는지, 신념은 때론 타협의 대상이 되어서는 안 된다는 인생의 교훈을 참 비싼 레슨비를 주고 배웠습니다.

한 가지 더 소득이 있습니다. 힘든 후임들을 더 애틋한 눈으로 바라볼 수 있게 된 것입니다. 원래 이등병이 선임 앞에서 웃으면 되게 혼나기도 하는데 애들이 제 앞에선 실실 웃더라고요. 제가 좋답니다. 피곤한 놈 커피 한 잔 사주고, 가끔 PX 일부러 데려가 '단 거' 먹이고 격려해 주고, 제가 이병 생활 힘들고 잘 못 했던 이야기도 해 주고, 이등병을 혼자 자유롭게 돌아다니지 못하게 하니까 집에 편지 부칠 수 있게 우체국 같이 가주고……. 비록 후임 관리 못 하는 놈으로 선임들한테 찍혔지만, 제 나름의 '후임 관리'를 하고 있습니다. 이게 진짜 후임 관리지요! 사람

임종인 상병님께

항상 웃으면서 인사해주시고 후임들에게 편하게 대해주시는
모습이 참 좋습니다. 모르는 것을 물어봐도 친절하게
답해 주셔서 감사합니다. PX를 같이 가게되면
항상 후임들에게나 선임들에게도 아낌없이 사주시고
너무나 감사하게 생각하고 있습니다. 저도 임종인 상병님처럼
후임들에게 웃으면서 다가가는 선임이 되도록 하겠습니다.

들이랑 부대끼고 사는 게 참 피곤하지만, 또 그렇게 살만한 게 공동체인 것 같습니다. 여튼 군대가 무지 많이 가르쳐 주는 게, 완전히 인생 훈련장 같습니다.

낯간지럽지만, 많이 보고 싶습니다. 엄마랑 이야기하면 서너 시간을 떠들면서 아버지랑은 서너 마디면 끝이지만, 그래도 많이 보고 싶습니다. 담에 길게 휴가 나가니 천천히 계획 잡아 볼게요. 5월부터 9월 중에 쓸 수 있는 9박 10일 휴가입니다.

인명 사고가 아닌 접촉 사고로 영창 가는 경우는 매우 드뭅니다. 진술서+군장+포상휴가통제 정도의 선에서 대부분 마무리됩니다. 진술서 썼고, 포상휴가 대상자에서 제외되었다는 것을 전해 드립니다. 100% 제 오류였기에 당당하게 모든 내용을 가감 없이 말했고, 응당한 대가를 치를 생각입니다. 책임질 것은 져야죠.

하도 당당하니까 선임들은 또 갈굽니다. 백이 뭐냐고. 너 뭐 있느냐고.

저는 신경 써주는 사람도, 염려해주고 사랑으로 기도해주는 가족과 친지들이 많습니다. 주눅 들지 말고 언제나 당당해야 합니다.

마찬가지로 아버지도 후원자가 많잖아요.

언제나 당당하게, 파이팅입니다.

2011. 3. 29. 운행 대기 중
자랑스런 국군장병 아들이

영창 면피!

수송관이 날 선발하여 아니, '지명하여 불렀나니' 하던 날 옆에 같이 왔던 병장이, 군대는 쉬었다 가는 곳이라고 했어요. 시간을 이렇게 낭비해 본 적이 없습니다. 말 그대로 순수한 '낭비'에요. 물 좋고 산 좋은 땅에서 건강하게 잘 '쉬고' 있습니다. 사실 진짜 전쟁터는 바깥 사회이지요. 총검을 사용한 전쟁이 아닐 뿐, 가정과 직장·학업과 취업 등 삶의 자리에서 고군분투해야 하는…….

이등병 생활이 끝나고 찾아온 '운행 홍수'가 절 행복하게 해요. 인제 길들도 잘 알고 다니고 고속도로도 척척 잘 다니고 있습니다. 그래도 아직 운행 나갈 때 책 같은 것을 챙겨 갈 만한 짬이 안 돼서, 한동안 멍하니 시간을 보냈고, 이젠 편지지를 몰래 챙겨와서 띄엄띄엄 편지를 씁니다.

치킨만 보고 싶은 건 아니에요. 가족이 그립고, 보고픈 마음도 여전하지만, 이제 6개월이면 군대에 적응될 때도 되었지요. 아들 잘 지냅니다. 걱정하지 마세요. 영창은 안 가게 됐어요. 걱정 금지.

카더라 통신 좀 믿지 마요.

2011. 3. 29. 영창 피한 아들이

To 소영

편지도 잃어버렸는데, 엄마 아빠한테만 홀랑 두 통 오면 섭섭하겠지! '괴발개발' 빠른 편지를 쓴다. 오라비는 잘 있단다. '친찬첸' 네년은 안녕하뇨? 재수학원은 모의고사를 굉장히 편협하게 본다. 3. 6. 9. 이렇게 전국 모의고사에 자기네 학원에서 제출한 '종로 모의' 혹은 '대성 모의' 이런 거밖에 안 봐. 사설학원 모의고사도 그 나름의 의미는 있지만, 그 비중이 크지 않음을 기억해라. 문제는 은행식 출제에다가, 그 학원 출신 아이들이 배워서 보는 시험이니, 말이 전국 모의고사이지 그 결과에 너무 큰 의미를 둘 필요는 없다. 객관성과 신뢰도가 떨어져.

가장 좋은 문제는 '기출 문제'이다. 작년에도 봤던 거니까 거의 답을 외우다시피 하는 문제들도 있을 거야. 기계식으로 답 찍지 마라. 문제에 대한 유형 이해 · 분석과 연구가 있어야 한다. 한 문제 한 문제를 의미 있게 진득하니 깊게 파고드는 게 미련하고 멍청한 것 같지만, 그게 가장 정확하고 빠른 길이야.

옛날에 어떤 사람이 한자를 배우는 데 궁금증이 많았어. 천자문 딱 펴고 '천'을 배우는데, 왜 이게 하늘 천인가, 왜 '천'이라고 읽는가? 하늘은 왜 푸른가? 구름은 또 뭔가? 해와 달의 광명은 무엇인가? etc. 이런 식으로 딱 두 글자 배웠대. 천(天)하고 지(地). 평생 한자 두 글자 배우고 하늘과 땅의 이치에 통달한 엄청난 인물이 되었다나.

물론 웃자고 한 이야기이지만 뭘 이야기하는 것인지 알겠니?

기출 문제 하나로 그 유형의 그림자를 볼 수 있어야 한다. 2011학년도 수능 기출 문제로 그다음 연도의 유형들을 짐작할 수 있어야 해. 바꿔 이야기하면, 그만큼 '내공'이 있어야 한단 말이다.

건강 관리 잘하고, 또 놀 땐 놀아라. 엄마가 너한테 만화책 금지령을 내린 건 '중독' 가능성 때문이야. 한 달에 한 번씩은 맘 편히 놀고, 학원 잘 다니고. 학원에서나 교회에서나 이쁘고 착하고, 교회 잘 다니고, 술 안 먹고, 청순 귀여운 언니 보면 사랑하는 오빠 생각 좀 하고. ㅋㅋㅋ 밑줄 쫙 포인트.

2011. 3. 29. From Sammul Lim.

p.s. 임소영, 너 은진이한테 이상한 말 하면 혼난다. ㅋㅋㅋ

자유 통행증

~~~~~~~~~~~

엊그제 효도관광 일정이 있어서 속초에 갔다 왔다. 오색약수에 양양 해변에다가 낙산 온천까지 들렀다 오느라 하루 종일 걸렸다. 모두들 유쾌한 시간을 보냈지만, 엄마 눈에는 군장 메고 행군하는 군인들과 군용트럭 끌고 다니는 운전병만 보이더구나. 다 내 아들 같아서 군인들의 수고로움에 응원하는 맘으로 차창 밖으로 보이지 않을 때까지 시선을 거둘 수가 없었다.

토요일에는 하루 종일 어둡게 비가 내렸다. 금요일 밤부터 천둥번개가 치고 심한 비가 내렸지. 유격훈련 갔다 와서 편안한 잠을 자겠거니 생각했는데, 그 비를 맞으면서 야간행군을 했다고?

어쨌든 훈련을 잘 마쳤다니 다행이다. 고생 많았다. 토요일에 훈련 사진 메일로 받아서 보고 또 보았다. 얼굴까지 붓고, 여기저기 힘든 흔적이 역력했지만, 그 옛날 '전우[77]' 드라마의 용사들처럼 늠름했다.

카더라 통신을 믿지 말라고 하지만, 넌 자세히 말해 주지 않지, 엄마는 궁금하지, 그러니까 여기저기 물어보고 카더라 통신에 의지할 수밖에. 유격훈련 중에 두 번이나 물에 빠졌다고 했지? 카더라 통신에는 그게 강물이 아니라 '똥물'이라는데?

"아들 유격 훈련 중임. 유격이 뭐꼬?"하고 친구들 단체 카톡방에 올

---

77) 1970년대 중반 KBS 드라마 〈전우〉

렸더니 유격에 대한 답들이 잔뜩 올라왔었다. '방독면 안 쓰고 가스실 들어가기, 절벽 외줄 타기, 물 위에 로프 타고 건너기, 진흙탕에 포복해서 철조망 뚫고 지나가기, 각개전투, 야간행군, PT체조, 야영'이라는 친절한 설명도 있었다. '오마니를 저절로 부르게 하는 인간 한계를 시험하는 훈련'이라며 겁주는 멘트도 있었다.

'진정한 남자가 되는 길'이라는 긍정적인 반응도 있었고, '전시상황에 유능한 군인이 되려면, 가장이 되고 사회적 책임을 다하는 ADULT가 되려면, 이런 과정과 훈련이 필요함' 이라는 부연 설명도 있었다. 산꼭대기에서 로프를 타고 강을 건너다가 줄을 놓치면 강물에 빠지는 거라고도 하고, 각개전투에서 포로로 잡히면 몇 끼씩 굶으며 훈련을 받아야 한다고도 하고, 야간행군하다가 졸면 벼랑 끝이기도 했다는 무시무시한……. 에고~ 호랑이도 나오겠다.

참, 이참에 문서로 남기마.

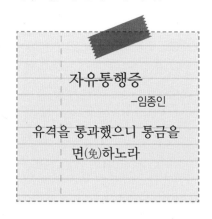

자유통행증
-임종인

유격을 통과했으니 통금을
면(免)하노라

2011. 4. 30. 맘

초고에 대하여

보고픈 우리 아덜! 위문편지 여든네번째

~~~~~~

또 전화가 오지 않는구나. 진돗개라고 했던가? 무슨 강한 훈련들을 한다고 들었다. 신문에서 보았고, 아들 군대 보낸 엄마들한테서 들었다. '카더라 통신'에서는 인간 한계를 느끼는 시간들이라고 하던데, 잘하고 있는지.

네 브레인이 녹슬까 봐 화요일에는 영풍문고 외국 서적 코너까지 뒤적였다. 아는 단어가 별로 없어서 '퓰리처'만 읽고 소설을 하나 골랐다. 퓰리처상을 받은 작가의 작품인지 퓰리처상을 받은 작품인지도 모르면서 말이다. 무슨 뉴욕 주립대 교수가 에세이 쓰는 법을 설명한 책도 하나 골라 넣었고, 네가 주문한 플라톤의 '국가론'은 다음에 보내마. 기회가 되면 연애도 해야 하니까, 연애에 대한 책도 하나 구했다. 책 제목처럼 59가지나 다 잘하려고 하지 말고 중요한 것만이라도 잘 기억했다가 실전에서 활용해 보렴!

요즘 무던한 성격인 소영이도 자주 답답해하고 여기저기 좀이 쑤시는가보다. 남산에 돈까스 먹으러 가자고 먼저 나선다. 재수생들의 부담감 때문일 거다. 5~6월쯤이면 지치기도 할 때이고. 예슬이는 하도 아프다고 해서 종합건강검진을 한다고 하고, 서영이도 머리가 자주 아프다고 해서 CT 촬영하러 간단다. 하윤이도 맨날 아프다고 조퇴해서 걱정이란다. 그래도 소영이가 제일 무탈하게 가는 것 같다.

군인교회에서 포상이 걸린 부모님께 편지쓰기 대회에 참가하지 않은 것은 잘한 일이다. 힘들어하는 장병을 격려하기 위한 이벤트인 것 같은데, 날름 국문과 출신인 네가 경쟁에 나서면 안 될 일이지. 아무리 바깥바람이 쐬고 싶어도 성경퀴즈 대회에도 나서지 마라. 온유함이 없는 거다.

잘 알아서 할 터인데 괜한 잔소리를 했다. 네 편지가 그렇게 재밌고 따뜻하다는 얘기다. 내무반 침상 아래에서, 운전 대기 중에 책 하나 받치고 쓴 글치고는 아주 훌륭하다. 단 한 번의 퇴고를 거치지 않은 편지는 냉수로만 닦아낸 맨얼굴의 깨끗함이랄까? 엄마는 그 초고가 좋다. 초고에는 언제나 가장 순수한 영감과 번뜩이는 영혼의 울림이 남아 있기 때문이다. 좀 더 멋들어진 표현과 세련된 언어를 찾다보면 마음의 중심과는 멀어지는 것 같아서 말이다.

가만히 생각해 보니까 육군 군복은 하절기용이 따로 없는 것 같다. 팔꿈치까지 접은 것만 보았다. 군화도 사계절용이겠지. 무좀 심해지지 않도록 발을 잘 닦고, 바짝 말린 다음에 무좀약을 발라라. 피곤해도 말이다. 군대에서 무좀은 구조적으로 어쩔 수 없다고 하더라만 말이다.

잘 지내야 한다.

2011. 5. 31. 맘

너 뭐라도 돼?

'개 아들', '십 아들', '쌍者' 등 선임들한테 많은 욕을 들었지만, 그 무엇보다도 듣기 싫은 말은 상스러운 육두문자가 아니었습니다. "너 뭐라도 돼? 니가 그렇게 대단해? 너 뭐라도 돼?"라는 말이었습니다. 비속어는 안 들어갔지만 이러한 추궁에…….

"아닙니다, 죄송합니다, 아닙니다" 하고 대답해야 할 때, 저는 그 비굴함에 몸서리쳤고 자존심이 깨어졌습니다. 정말 화가 나는 것은 이 비겁한 굴종을 습관처럼 요구한다는 것이죠. 입으로는 '전 아닙니다, 전 아무것도 아닙니다'라고 답했지만 언제나 마음으로는 끝까지 제 자존심을 변호했습니다.

그래도 반복되는 세뇌는 얼마나 무서운 것인지, 저 자신이 쓸모없는 존재는 아닌지 의심을 품기도 했습니다. 이러한 세뇌교육에 종교를 시비 걸고넘어지는 이등병 사상개조에 선임들이 목숨을 걸었으니 죽을 똥을 쌀 뻔했어요. 분대장이 4시간 동안 쉬지 않고 혼냈던 '교육'은 기억에 떠올리기조차 싫습니다.

신앙과 나는 소중하다는 확고한 믿음이 깨어지지 않도록 때때로 받는 따뜻한 편지들. 한겨울 혹여나 불빛이 새어 나갈까 봐(실제로 밤에 몰래 라이트 불빛 켜다가 걸려 여러 번 혼났습니다) 침낭 뒤집어쓰고 소리 죽여 몰래몰래 편지를 읽어 내려갔습니다.

선임들 눈에 비친 저는 운 좋아 운전병으로 뽑혔지만 죽어라 운전 못하는 자식, 그 이상도 그 이하도 아니었을 겝니다. 언제나 현실은 받아들이기 힘들지만, 현실을 인정하고 열심히 노력해 보겠습니다.

2011. 6. 10. 아들이

'난, 날 생각해 주는 구만 사람이 많다.'

'I am Special.'
I am Special.
I am Special.
I am Special.
I am Special
I am Special.
I am Special
I am Special.
I am Special.

여름 캠프

～～～～～～～～～～～～～～～～～～～～～～～

멀리까지 운행을 다닌다니 좋은 컨디션을 잘 유지해야겠다. 기회 닿는 대로 잘 먹고 잠을 잘 자두어라. 수면이 부족하면 무시로 졸리운 법이니까 말이다.

좀더 분명하고 현실적인 대화를 위해 '책상은 책상이다'를 실시해 볼까? 산책(행군), 캠핑(훈련), 소풍, 운동회 말고는 없는데? 이번 면회에 작성을 해보자구나. 낱말 맞히기로 해보던가.

며칠 만에 온 전화를 반갑게 받았다. 바쁘긴 했지만 잘 지내고 있다니 고맙구나. 장마가 시작되어 운행하기가 나쁠 것 같은데, 오히려 시원해서 좋다니 다행이고. 운행 나갔다가 맛난 음식도 얻어먹었다니 배려해 주신 분도 고맙고. 안전하게 다니게 해주신 하나님께도 늘 감사하고.

두세 달은 더위와 모기와 무좀과 싸워야겠네. 아들을 군대에 보낸 엄마에게 지난겨울이 가장 추운 겨울이었듯이, 올여름도 가장 무더운 여름이 될 것 같다. 네가 땀을 많이 흘려서 걱정이다. 구운 소금 한 알씩 먹어라. 물 좀 자주 마시고. 여름에 필수라고 하더라. 체력단련 부지런히 하고 진급시험 잘 통과해라. 유격도 잘해냈잖니!

참, 통신병에게 뭐 좀 챙겨 줘라. 매주 편지에 가끔 택배까지 배달하느라고 고생이 많겠잖니? 엄마는 엊그제 우체국에 냉커피 사서 돌렸다.

250원에 그 먼 곳까지 편지를 보내주고 5000원에 그 무거운 짐을 날라다 주잖니? 고마운 일이다.

하늘에 구멍이라도 났는지 끝도 없이 비가 내린다. 아침에는 잠깐 그쳤다. 7월에는 '산책?'과 '소풍?'이 많다니 바쁘겠구나. '겨울 운동회'는 너무 추워서 걱정이고, '여름 캠프'는 무더워서 염려스럽다. 모기와 벌레, 무좀으로 괴롭겠구나. 산에서는 뱀 조심하고.

팔월 초에 휴가 나오면 안 되냐? 더운 여름을 너네 집에서만 견디지 말고 말이다. 보구 싶구나. 소영이도 맨날 오빠 안부를 묻는다. 아빠는 그냥 기다리라고만 한다, 어떤 분위기인지 알지?

2011. 6. 29. 맘

비가 그친 오후입니다

~~~~~~

사람이 어찌 제 길을 알고 걷는지 의구심이 듭니다. 해야 할 일이 있었고, 일정이 제대로 잡혀 있었는데, 교회에 간 동안에 일정이 변동되어 운행을 못 갔습니다. 결국, 또 교회 때문에 일을 그르친 놈이 되어버렸습니다. 어머니, 이것이 참 어렵습니다. 타협하고 싶지 않은 것도 아니었고, 중요한 일이었고, 직속상관의 신신당부가 있었건만, 또 '교회'냐는 말을 듣고 싶지 않았는데…… .

저는 투쟁자도 순교자도 아닙니다. 자꾸 겉도는 이상한 놈이 되는 것도 지긋지긋합니다. 그동안 교회 배차는 나가면 편하고, 잘 먹고, 잘 쉰다—는 관념이 깊기에 교회 배차만 나갔다가 생활관에 복귀하면 눈총과 핀잔, 조롱들이 기다리고 있었습니다. 언제나 문제는 '저'이지요. 물가에 실수로 떨어진 기름 한 방울처럼 제자리를 잡지 못하고 이리저리 밀려 돌아다닙니다. 떠돌아서.

언제까지, 도대체 언제까지 견디고 견뎌야 할지. 죽을 만큼 힘들다던가 선임들의 위협이 있는 것은 아니지만, 여러 가지 의미로 그동안 피곤했었는데, 당장 눈앞의 걱정이 구정물처럼 스며듭니다.

군인이 어찌 하고 싶은 것만 하면서 사느냐고들 하지만 '종교'로 트집 잡혀 집요한 갈굼을 당하니, 차츰 지쳐갑니다.

비가 그친 오후입니다. 상대습도가 100%인지 눅진한 공기가 가득 정체되어 있습니다. 열심히 운동회를 하느라 지금 얼굴에는 위장크림이 범벅입니다. 만약 오늘 밤에도 못 씻는다면 오돌토돌 트러블이 피부에 돋아날 겝니다. 묵직하고 적막한 분위기만 맴돌아 얼마 전에 받은 책을 읽으며 통신 전화 대기 임무를 서면서 이렇게 편지를 씁니다. 잠이 부족했는지 약간 머리가 지끈댑니다.

어제 면회를 하다가 먹는 게 힘들다고 실망을 안겨서 미안해요. 한입이라도 좋은 것 먹여보려는 마음 알지만, 위에도 한계가 있다는 것을 알아주셨으면 합니다. 교회 다녀와서 개인 시간에 빗소리를 들으며 편지를 씁니다. 곧 '운동회'라서 최대한 이 편지가 빨리 도달하도록 오늘 부쳐야겠군요. 어머니, 아니 엄마. 항상 건강 조심하고, 일과 휴식의 밸런스를 잘 맞추는 지혜!

생신 축하해요.
7월 7일 이전에 미리 보냅니다.
고마워요.

2011. 6. 30. 아들이

환대

두어 달 만의 면회. 새벽부터 서둘러 준비하는데, 왜 몸이 빠르게 움직여 주지 않아 늦었을까. 아덜 배 아프도록 먹인 것도 미안하고, 또 잊고 못 챙긴 것 있어서 아쉽고. 엄마의 호들갑 환대가 낯설다구? 늘 선임들한테 혼나고 함부로 대함을 받다가 가족들이 관심 가져주고 살펴주니까 낯설다는 거냐? 환대가 낯설다는 네 표현에 씁쓸함과 슬픔이 묻어난다.

엄마는 구릿빛 네 얼굴이 낯설다. 요즘 북한의 조짐이 심상치 않아서 상황이 발생하면 10분 내에 출동해서 맞서 싸워야 한다고 주먹을 불끈 쥐는 너의 씩씩함이 낯설다. 여하한 상황에서 겁 없이 혼자 오버하지 말고, 네 몸 건사하기를 우선으로 하라는 엄마의 당부는 귓전으로 흘리고, DMZ[78]에서 복무하는 훈련소 동기들 걱정에 안색이 어두워지는 네 얼굴에 엄마 가슴이 철렁했다. DMZ에 배치받은 친구들은 훈련의 강도도 높다면서 무슨 일이라도 생기면 후방부대가 준비할 때까지 그 친구들이 목숨값으로 시간을 벌어주는 거라고. 때문에 너도 부끄럽지 않게 어떤 훈련도 열심히 잘 감당해야 한다고. 엄마는 아덜의 늠름함이 두렵기까지 하다. 누가 우리 아들을 이런 투사로 훈련했는지. 낯설었다. 네가 훈

---

78) GP를 말한다.

련받고 사는 세상과 우리가 사는 세상이 너무 다르다는 사실.

환대! 엄마 고등학교 때, 문학의 밤이라는 것이 유행했거든. 언젠가 "돌아온 탕자[79]"라는 연극을 했는데, 집을 떠났던 동생이 돌아왔을 때, 집에 남아 있던 형의 대사는 당연히 동생을 환영하는 아버지에게 항의하고 화내는 내용이었다. 그런데 큰아들 역할을 했던 학생이 엄청 착한 사람이었거든. 연습 때는 어떻게든 화내는 형의 역할을 해냈는데, 정작 공연을 하는 순간에는 갑자기 "어씨! 못해먹겠다!"하더니, 동생을 뜨겁게 얼싸안고 대본에 없는 대사와 표정을 마구. . . 동생을 진심으로 환대하고, 돌아온 아들에게 반기며 축하 잔치를 벌이는 아버지를 칭찬하고, 그랬더니, 관중은 모두 박수를 치고 행복해하더라.

그런데 문제는 정작 큰아들을 역성들어서 같이 짜증내는 하인이라든지, 냉대를 받을 준비를 하던 탕자든지, 불평하는 큰아들을 나무라고 달래려 하던 아버지든지, 모두 마땅한 대사를 찾지 못해 멍~! 하니 정신들이 빠졌다. 그 찰나에 스톱! 눈치 빠른 감독이 "샤트 아웃!" 싸인을 날리고, 갑자기 보라색 휘장이 닫혀졌다. 가장 감동적인 "돌아온 탕자"였다. 탕자를 환대하는 큰형처럼 늘 지혜롭게 질서와 규칙을 지키면서 네 양심과 신앙을 지켜 가기를 바란다.

엄마가 너희들 키울 때, 배 속에 있을 때는 빨리 만나고 싶고, 기어

---

79) 돌아온 탕자의 비유

다닐 때는 빨리 걸었으면 했고, 초등학교 다닐 때는 중학생이 되어 의젓했으면 했고, 고등학교 때는 입시만 빨리 끝나봐라 했고, 이제는 군대만 빨리 잘 마쳐라 세고 있다. 엄마가 늙는다는 생각보다 어려운 시기가 순조롭게 지났으면 하는 바람뿐이지. 그다음은 정말 천천히 갔으면 좋겠다. 천천히 멋지고 아름다운 시간을 살아가렴.

'울 때가 있고 웃을 때가 있으며…….'

2011. 7. 7. 마흔아홉의 생일. 엄마가

국화 한 송이

사랑하는 아들! 위문편지 백번째

~~~~~~~~~~~~~~~~~~~~~~~~~~~~~

    탱크 전복 사고로 엄마도 많이 우울했다. 부대에서 함께 훈련받던 군인들을 위로하느라 좀 쉬게 해준다니 고맙긴 하다. 너도 마음이 많이 힘들었겠다. 개인적으로 아는 사이는 아니었어도, 사고 현장을 목격하고 국군병원의 장례절차를 다 참석하게 되어 안타까운 슬픔과 두려움이 컸겠구나.

    며칠 동안 인터넷과 신문을 여러 차례 뒤졌다. 한 인생이 애통하게 사라져 갔어도 세상은 그리 요란하지 않다. 22년 동안의 수많은 시간의 기쁨과 슬픔, 고민과 생각, 교제와 나눔, 성장과 후퇴. 그 깊고 푸르른 생의 의미가 사라져 갔는데도 넓고 넓은 우주 속엔 아무 흔적도 없다. 장마에 지반이 약해져서 훈련 중 탱크가 전복되어 한 병사가 죽었다는 짧은 기사 외엔 아무것도 없었다. 가족들과 친구들에게 애통함을 남기고, 사랑하는 이들의 애석한 마음을 한 송이 국화로만 건네받고 그렇게 떠났구나. 마음이 많이 아팠다. 그 영혼과 인생의 억울함. 그 부모와 형제들의 상실감, 너와 동료들이 겪는 충격과 두려움. 같은 상황을 겪어도 감정이 다양하고 생각이 많은 네 걱정까지.

    사고 소식을 들은 지난 목요일 밤. 훈련 기간에 그것도 밤 9시에 031이 떠서, 그것도 자신은 안전하니 걱정하지 말라는 전화에 되려 놀랐다. 방송에 나오는 것 보고 혹시 놀랄까 봐 미리 알려 준다고. 야영 훈련 중에 네 안전을 알려주느라 애썼구나. 네가 그 시간 그 자리에서 그 전차를 몰지 않아 천만다행이다만 어떻게 우리만 피했다고 안도할 수 있겠니! 오늘은 뉘 집 아들이고 다음은 뉘 집 아들을 잃게 되는 것일까? 이런 안전사고에 병사들이 무방비로 노출되어 있었다는 사실에 아연하다.

우기에 고생이 많다. 비에 젖은 군화를 그냥 신고 자기도 한다는 말에 식겁. 엄마 인생에서 지난겨울처럼 추운 적도 없었는데, 이번 여름처럼 장마가 힘든 적도 없는 것 같구나. 비를 좋아했던 것을 엄청 후회한다. 다음 주부터는 본격적인 무더위가 시작된다고 한다. 한 달만 잘 견디면 심한 무더위가 식겠지.

무더운 여름에 피곤해서 감기몸살 걸리지 말고, 운행 다닐 때 졸지 말고, 훈련받을 때 무기 잘 다루고, 차량 밑에서 작업할 때 안전하도록 브레이크나 지반 확인하고, 볼트 꼼꼼히 조여서 차량사고 나지 않도록 주의하고, 후임 잘 챙기고, 선임들 잘 돕고.

2011. 7. 20. 엄마가

그냥저냥 지내요

〰〰〰〰〰〰〰〰〰〰〰〰〰〰〰〰〰〰〰〰

수마가 휩쓸고 간 자리에 내 가족과 식구들, 친한 사람들이 없었음을 듣고 마음을 완전히 놓아버린 것에 약간의 죄책감을 느낍니다. 영내에는 나무가 뿌리째 뽑히고 도로가 잠겨 통행이 거의 불가능해졌습니다. 덕분에 비 맞고 보초 서는 걸 안 해도 돼서 좋았습니다. 얼마나 어리석은 이기심인지요!

며칠 전 운행을 나가서 순댓국도 먹고 희희낙락 좋아라 하다가, 부대에 돌아오는 길에 말 그대로 최악의 폭우를 만나고 말았습니다. 앞차 꽁무니와 불안하게 다가오는 맞은편 차량 대가리. 그리고 쉴 새 없이 근방에서 번쩍이는 번개와 한 가닥 고무 와이퍼로는 감당할 수 없는 물줄기. 비나 폭우라기보다는 하늘에서 물줄기들이 쏟아졌다고 하는 게 오히려 더 적합할 겁니다.

요즘 조금 마음이 불편합니다. 임종인 많이 발전했다. 꽤 나아졌다. 짬이 좀 찬 것 같다. 이런 말들을 들을 때마다 뭔가 인정받는 느낌이 들면서도 찜찜합니다. 분위기에 맞춰 거칠거칠한 육두문자도 쓸 줄 알게 됐어요. 타락한 게 아닌가 해서 섬뜩섬뜩한 죄책감이 턱 밑을 서늘하게 합니다.

얼마 전에는 한 후임 녀석이 답답해 죽을 뻔했습니다. 일곱 번씩 일흔 번이라도 참고 가르쳐 줘야 하는데, 화를 냈습니다. 원체 둔한 녀석이라 심할 정도로 여기저기 욕을 먹고 다닙니다. 밖에서 운전 좀 하고 왔다고 잘난 척하더니 수송 장교를 한 번 태우고 나서는 바로 운행 금지를 당했습니다. 중대에서는 눈치 없이 굼떠서 다른 선임들한테 혼나고, 좀 사는 집 아들인지 선임들한테 이래저래 뜯기고, 외우는 것은 죽어라 못 해서 신나게 혼나고.

작성하는 데도 3분이면 되는 서류를 베끼는 데만도 30분이 넘게 걸립니다. 뭐 하고 있나 찾아가면 숫자 몇 개 베껴 쓰는 것을 4번이나 틀려서 제가 대신 욕을 다 먹습니다. 같은 민수 차량 운전병 선임이라고 그 놈 혼날 분량을 제가 다 혼나요. 또 제가 그 아이를 안 혼내면, 나중에 그 놈이랑 저랑 둘이서 또 혼납니다. 이 녀석이 빨리 운행을 나가야 선임들의 시야에서 벗어나 자기만의 치유 시간을 가질 텐데요. 진전이 없어서 저도 덩달아 매일같이 닦달당합니다.

슬-슬 다음 근무 나갈 사람들 좀 깨우고 와야겠습니다.

잠깐 상황보고 하는 사이 이 층 다른 중대 생활관을 지나치다 보니 상병장쯤 되어 보이는 선임이 후임들 세워놓고 갈구고 있네요. 지금 시각이 새벽 한 시 사십 분인데 말이죠! 세상에! 혼나는 애들이 불쌍해서 그 중대 불침번에게 거짓말을 했습니다. '대대장님이 생활관 흘낏흘낏 순찰하시더라' 라고요. 이제 웬만하면 그만 갈구고 쫄병들 재우겠지 싶어 뿌듯해 하고 있는데, 그 셋이 밖으로 나갔습니다. 씁쓸하네요. 그래도 침대에서 혼나는 것보다 밖에서 혼나는 게 짧게 끝날 거에요. 제일 뭐 같은 게 안 재우고 계속 같은 말로 생활관에서 혼내는 거죠. 잠 설친 다른 선임들의 욕바가지는 다음날을 위한 옵션이고요.

제가 가장 긴 시간 동안 한 자리에서 갈굼받은 기록이 4시간인 거 아시죠? 그것도 분대장이 억지 논리와 궤변으로 교회 열심히 다니는 놈은 참 군인이 될 수 없다고 세뇌를 시켜버리려고 했습니다. 지금은 전역한 그 병장이 하도 말도 안 되는 소리를 하길래 밤 12시에 슬쩍 비웃었다가 들켜서 그 밤에 중대가 뒤집힐 뻔했습니다. 자기처럼 말을 잘하는 사람이야말로 변호사를 해야 한다고 그랬는데, 듣자하니 청주에서 '전공'을 살려 발렛파킹 알바하고 지낸대요. 괜히 옆 중대 쫄병 보다가 그 녀석 생각이 났네요.

신나게 풀어쓰다 보니 역시 글에는, 특히나 내면에서 우러나는 한 맺힌 솔직한 펜에는 어느 정도의 치유 능력이 있음을 새삼 깨닫습니다. 아빠와의 투쟁 기록을 낱낱이 기록으로 남기는 엄마를 이해할 수 있어요. ㅋㅋ

2011. 7. 29. 2:07 am. 아들.

왜 웃었냐? 웃지 마라!

오마니 효도편지 ㉔

어머니! 추석 달이 밝았습니다. 요즈음 어찌나 밤이 청명하고 맑은지 보초 서는 시간에 하늘만 쳐다봅니다. 오늘 저녁예배를 짧게 마무리하고 즐거운 놀이판을 시작하려던 찰나(포상이 걸렸습니다), 같이 간 후임이 아프다 하여 PX에서 꿀홍삼, 포카리, 비타민 등을 챙겨 먹였습니다. 군대에서 아프면 서러워요. 그러니까... 몰래 '비밀 위장'을 좀 해서 종합감기약과 타이레놀을 좀 더 보내주시면 의학적으로 열악한 이 군부대 오지에서 아들이 의료활동을 하는 데 상당한 도움이 되겠습니다. 내 선임들은 막 지들이 필요한대로 약을 달라고 하는데, 정작 후임들은 제 관물대가 상비약을 거진 갖춘 군장병 메디플라자 중대 약국인 것을 모르더라고요.

갓 들어온 신병 녀석이 자기는 일을 잘 못 하는 것 같다고 자책하길래, 그놈이랑 이등병 녀석이랑 셋이서 PX 갔습니다. 맛있는 거 먹이고 격려 해줘서 또 힘내게 하는 '로뎀나무 작전'이 효력을 발휘할 수 있기를 바랍니다.

분대에 돌아와 보니 병 커피가 하나 관물대 위에 올려져 있었습니다. 원래 상병장들이 다 귀찮아해서 부엌 일 돕는 취사지원은 이등병 막내들이 가는데, 어쩌다 보니 저랑 제 동기가 하루 종일 설거지하고 감자채

썰고, 주방 정리 및 청소까지 했습니다. 막내 녀석이 자기가 취사지원을 가야 하는데, 자기 운행 때문에 부득이하게 상병 선임 둘을 보낸 것이 마음에 미안했나 봅니다. ㅋㅋㅋ

딱 4시간 자고 그 커피를 마시고 근무를 나갔는데 바람도 시원하고 날도 맑은 게 정신이 또렷하더라고요. 근데 제 옆에 같이 근무 서는 이등병은 정신없이 졸음과 싸우고 있었습니다. 괜히 마음이 짠했어요. 제가 아니었다면 이놈 엄청 혼났을 테니까요. 저도 이등병 때 경계근무 서다가 졸아서 엄청 혼난 적 있어요. 쫄병이 기가 빠졌다고요. 이상스럽게 이등병은 더 피곤했던 것 같아요. 졸음이 눈을 타고 목을 죄었어요.

여하튼 제 옆에서 안간힘을 쓰면서 안 졸려고 노력하는 모습이 참 '안쓰러버서' 계단 구석에서 눈 좀 붙이라고 했습니다. 괜찮다고, 죄송하다고 하는 녀석을 윽박질러서 억지로 계단 구석에 앉혔어요. 원래 그 자리는 고참 자린데 말이죠. 원칙적으로는 두 명의 병사가 물샐 틈 없이 건물을 지켜야 하지만, 고참들은 종종 후임만 어둠 속에 세워두고 자기는 계단 구석에서 자곤 해요. 어쨌든 불시에 순찰 오는 간부한테만 안 들키면 되니까요. 누구는 이등병 생활 안 해봤냐고. 진짜 죽을 것 같이 졸리면 눈 붙이라고 순찰은 내가 본다고 했더니 이내 코를 골면서 잠이 듭니다.

졸리지도 않고 피곤하지 않아 집 생각 하다가 엄마, 아빠, 소영이, 짧은 치마 기도하다가 하늘 쳐다보다 하면서 시간이 줄줄 흘렀습니다. 한시간 20분쯤 흐르니까 쥐죽은 듯이 자던 이놈이 소스라쳐 일어납니다.

10분만 졸고 눈치 봐서 일어나려고 했나 봐요. 자기가 내리 한 시간 반을 잔 것에 당황한 것 같았습니다. 안쓰럽고 귀엽죠. 자꾸 죄송하다고 죄송하다고 하길래, 잘 잤느냐고 물어보니 멋쩍게 웃습니다.

아, 맞아요. 지금 막 쓰다가 생각났는데, 이놈이 선임 앞에서 씩 멋있게 미소 지은 바람에 저와 공개 면접을 당한 그 녀석입니다. 선임들이 이 녀석을 제 앞에 앉혀두고 제대로 후임 좀 갈궈 보라고 막 강요했었습니다. 그때 아무리 생각해도 선임 앞에서 살짝 미소 지은 것이 혼날 만한 일이 아닌 것 같았어요. 분대원들의 기대 어린 눈빛이 부담스러워 어색한 침묵을 깨고 딱 세 마디를 건넸지요.

"……웃었냐?"

"옙, 죄송합니다."

"왜 웃었냐?"

"죄…죄송합니다."

"그래……. 그럼 이제 웃지 마라"

분대 선임들은 모두 저 등신 새끼가 후임 관리마저도 못한다고 또 욕했습니다. 갑자기 또 옛날 생각 하니 재밌네요.

쫄병백서!

임개구리는 그래도 올챙이 적 생각 좀 해보려고 노력합니다.

"육군의 Paradigm을 바꾸겠습니다!"라고 사단장님한테 약속했거든요. 신병훈련소에서요.

2011. 9. 15. 아덜이

어장 관리

사랑하는 아들! 위문편지 백열네번째

요즘 며칠 잠이 오지 않는다. 아빠랑 절대로 그런 사이가 아닌데, 잠을 자지 못한다. 아빠가 출타하면 엄마 시간을 가질 수 있어서 좋았는데, 소영이랑 둘이 달랑 지내려니 집이 휑하다. 날씨도 덩달아 시원해져서 가슴 한구석이 허전해지려고 한다. 이것도 갱년기 우울증의 하나인가 싶다.

아빠가 집을 비우는 동안 엄마가 중요한 일을 하나 해두었다. 은진이랑 하룻밤 새워가며 진지한 대화를 나누었다. 은진이 엄마가 따로 부탁했었거든. 은진이 만나면 집 걱정은 하지 말고 유학 떠나도록 설득해 달라고 말이다. 자신이 원하는 것을 먼저 생각하고, 부모 입장은 천천히 걱정하라고 말해주었다. 같은 엄마의 마음으로 말이다. 은진이 바이올린 소리가 워낙 화려하고 탄탄하잖니! 네가 이쁘다고 한 처자이니 엄마가 진지하게 대화해주고, 넌지시 네가 얼마나 씩씩한 군인인지도 어필했다. 어장 관리 잘 해두었으니, 너는 거기서 군 복무 열심히 하렴!

9월 28일이구나! 네가 군에 간 지 딱 1년이 되는 날이다. 뼛속까지 군인이 되겠다더니 이젠 지낼만한 거니? 네 맡은 일 잘 감당하고, 힘들어하는 후임들 잘 챙겨 주고, 곧 아버지 군번이 되어 아들 군번에게 안내도 잘해 주고.

누구네 아들은 이발 3백 명씩 봉사해서 포상 휴가 나오고, 누구네 아들은 사격을 잘해서, 누구네 아들은 축구를 잘해서 포상을 나왔다던데, 우리 아들은 조용하구나. 누구네 아들은 정신 차리고 공부 열심히 하겠다, 돈 많이 벌어서 효도 하겠다 약속하던데, 우리 아들은 약속도 없구나. 그래도 건강하게 무사히 잘 지내줘서 고맙구나.

짧은 치마는 너무 고민하지 마라. 전화하고 싶으면 해라. 안 받으면 어쩔 수 없고, 군바리답게 궁한 대로 외로운 대로 연락하고 편지해라. 넌 너무 깊이 생각해서 탈이다. 그만큼 네게 편지를 보내주고 달려와 만나주면 널 좋아하는 거지 뭘 그렇게 조심하고 고민하냐? 안 받아주면, 우정이었다고 하면, 그냥 친구 하면 되는 거지 뭐!

사랑한다 아들! 힘내고 씩씩하게 짧은 치마한테 연락하고!

우리 잊지 말자. 지르는 것도 실력이다! 잊었냐? 네가 군에 있는 상황이라 타임이 안 좋다만, 그래도 궁하면 어쩌냐?

토요일에는 꼭 뷔페 먹기를 기도한다. 과일이랑 고기 좀 잘 먹고. 지난 월요일 군악대 지원 나간 일은 유감이다. 짬밥만 아니었어도 엄마 마음이 저리지 않았을 터인데. 음악으로는 초대받았지만, 만찬의 자리에는 초대받지 못했다는 것이 억울하기는 하다. 그래도 초대받지 않은 자리에서는 기웃거리지 않고 품위를 지켰다니 다행이다. 작은 것에 감사하자. 수송부 행정병이 군악대 호출받고 가끔씩 공식적으로 바이올린을 만질 수 있다는 것이 얼마나 행복한 일이냐? 네가 자리가 되고 실력이 될 때, 배려하고 따뜻한 세상을 만들어 가면 되잖니!

언제나 주의 평안이 너의 영혼과 날마다의 순간 속에 동행해 주시기를.

2011. 9. 28. 오마니가

마음이 무거워요, 엄마

사람의 마음이 얼마나 간사한지 아세요? 제가 얼마나 추악한 본성을 지녔는지 아세요? 가끔은 후임이 정말 미워질 때가 있고, 나의 상황을 이해해 주지도 않는 선임들은 Geeeee! 없애버리고 싶을 정도이고요.

밖에서 사람이 물들지 않는 것보다도 안에서 물들지 않는 것이 확실히 어렵습니다. 입술이 부정한 자가 되어버린 듯해요. 입이 부정하다, 언어가 부정하다는 것은 저의 마음이 그만큼 강팍 해졌다는 반증이기도 합니다. 가슴이 미어지는 슬픔도 없고. 슬퍼! 젠장.

상처받은 후임이 있습니다. 지지난번 근무를 설 때 어쩌다가 어린 시절 이야기를 하면서 '탐욕스럽게 분에 넘치도록 부유하진 않았지만, 부족함 없이 행복하게 자랐다'는 제 말을 순간 끊고, '저는 부족함 많게 자랐습니다.' 라고 대뜸 던져서 순간 절 당혹게 했던 녀석입니다. 경제적 어려움과, 말은 안 했지만 그로 인한 가정 내의 갈등.

안으로, 안으로 파고드는 무의미한 고민은 독이 될 뿐이라고 설명도 하고 힘 좀 내도록 되지 않는 위로를 하느라 두 시간을 금방 흘려보냈었습니다.

이런 케이스를 접할 때마다 죄책감은 아니더라도 일종의 묵지그레한 책임감 같은 미안함을 느낍니다. 영어 속담 말마따나 저는 "은수저를

(입에 문 정도는 아니고) 손에 쥐고 태어난 아이"이니까요.

　일전에도 몇 번 P.X에 같이 가고 했지마는 혹여나 저급한 동정의 발로로 느껴질까 조심스러웠습니다. 근무 끝내고 이 밤 새벽 3시에 '라면+고추참치+스팸+ 햇반' 이렇게 해서 둘 다 배부르게 먹고, 또 먹이고 나니 든든해진 뱃속만큼 약간 마음이 가볍게 느껴집니다(비로소 "면죄부"의 느낌을 아주 조금 알겠습니다).

2011. 10. 29. 새벽 3시 20분

　p.s. 9월 군번 첫아들 도착!
　　어리버리 취사병입니다. 조리사관학교 다니는 20살 풋내기.
　　짬밥의 화려한 변신을 기대 중입니다. 단결!

아비의 소리 없는 흐느낌!

연평, 백령, 서북도서들.
북의 도발로 두 병사가 사망하고 시간이 흘렀습니다.
1주년 기념식을 시청했습니다.
다른 사람들의 애가. 넋을 기리는 의식 등을 보아도
별 감흥 없이, 무슨 소용인가 하는 마음에 허탈했습니다.
천하보다 귀한 한목숨이 아니더이까.

입술을 깨물며 무너지기 일보 직전의 육신을 추스르는
아비의 모습을 보고는
그 고통이 선명히 느껴져, 마른 침을 삼켰습니다.

일국의 국무총리가 기념사를 하고,
무수한 장군을 비롯한 내로라하는 인사들이
바쁘디바쁜 시간을 쪼개어
온전히 순수하지만은 않은 목적으로 모여
시를 읽고, 연설을 하고, 화면에 얼굴을 비치는
그 모든 것을 한갓 SHOW도 안 되도록 만들어 버리던

아들 잃은 아비의 소리 없는 흐느낌!   -연평도 1주기

인류애 선언

To 오라버니!

~~~~~~~~~~~~~~~~~~~~~~~~~

오빠야 안녕? ㅎㅎ 편지 되게 오랜만에 쓴다. 입시 전에는 열심히 쓰다가 정작 수능치고, 논술 쓰고 나니깐 하나도 안 썼네! 미안! 딱히 하는 것도 없으면서 왜 편지도 안 썼나 몰라. 잘 지내고 있지? 이젠 행정병이라 머리 복잡하고 스트레스도 많이 받겠지만, 엄마와 나는 그저 직접적인 차량 운행의 위험에서 좀 벗어난 업무인 것 같아 다행으로 여기고 있어.

요즘 나 다시 콩쥐로 돌아갔어, 집 청소하는. 빨래는 제외. 엄마아빠 침대 정리 아침마다 해주는데, 아빠가(아빠 말투 알지?) "이것도 중요한 일이야"라며 천 원씩 팁 준다. 그러면서 꾸준히 하래~ . 매일 같이 쌓이는 설거지는 너무하다 싶으면 가끔가다 하고(대체로 바로바로 씻지만) 마루 소파 정리, 청소기 돌리기. 등등.

대학 다니는 친구들은 학교 수업, 재수 친구들은 알바하고 운전면허 따러 다니느라 정신없는 것 같아서 난 그냥 집에서 혼자 놀고 있어. 뭐, 엄마가 너무 무기력하게 지낸다 그러긴 하지만(말년 병장의 생활이랄까? ㅋ) 나도 이제 슬슬 계획 세워서 다시 생활패턴 좀 잡아가야지. 살도 빼고. (매일 7km씩 걷고 있지만 너무 허술한 게 아닌가 싶어)

이런! 너무 내 얘기만 했네.

오빠는 잘 지내는거? 솔직히 엄마한테 들은 것하고 오빠가 얘기해 준 걸로는 이 '주저리주저리' 편지 읽을 시간이나 있을지 의문이네. 확실히 요즘 풀어지니까 말도 횡설수설. 오빠 바쁘면 안 읽어도 되는뎅. . .잠깐 쉬는 시간이라도 틈나면 잠자야 할 판인데 영양가 없는 편지인 것 같아 급 미안해지네.

아, 엄마 아빠 소식 알려줄까?(그래야 좀 편지 읽는 의의가. ㅎㅎ) 엄마가 요즘 제일 자주 하는 말이 "엄마는 이제 인류애로 살기로 했다" 야. 아빠를 인류애·동포애로 생각하고 살겠대. ㅋㅋ 아빠 있을 때 조금 더 크게 말하는 거(들으라고 ㅎㅎ) 보면 아빠보고 잘 좀 하라는 건데, 아빠는 여전히 그냥 흘려듣고 지나가! (에효, 아빠가 언제 바뀌려나~) 엄마한테 들었을 거야. 결혼기념일에 있었던 일. 아빠가 그냥 보통 날처럼 보내자고, 조촐하게 보내자고 했어도 엄마는 아빠 넥타이 사서 선물했는데, 아빠는 진짜 아무것도 준비 안 한 거야. 내가 아빠한테 엄마가 줬으면 아빠도 줘야 하는 것 아니냐고 했더니, 번갈아가면서 주최하기로 했대. 분위기 급 썰렁~. 여기서 엄마의 '인류애 발언' 또 등장.

나보고 결혼기념일 대표기도 하라고 그래서 진심으로 '여러 위기들'이 있었지만, 그래도 지금까지 오게 해 주셔서 감사하다고 기도했어. 진짜 하나님의 은혜가 없었으면 지금까지 오는 건 정말 무리무리무리였을 거야.

오늘은 아침에 벼락 맞은 듯한 기상으로 시작했어. ㅋㅋ 엄마가 갑자기 10분 이내에 시장 보러 나갈거라 그래서 ㅎㅎ. 비몽사몽으로 정신없이 옷 갈아입고 오빠가 부탁한 것들 사러 마트에 갔지. 완전 정신없었어. 콘푸레이크를 골랐더니 엄마가 오빠에게 좋은 걸로 사야 된다고 '오곡 씨리얼'로 바꾸고, 쌍화차 찾다가 걍 대추차랑 생강차 카트에 담았더니, 엄마가 쌍화차를 꼭 찾아오고. 로션은 바디로션으로 고르고, 아빠가 8:30까지 차 써야 한다고 그래서 완전 정신없이 찾아서 샀어. 뭐 결론은 나름 노력해서 구한 거니까 택배 잘 받아 달라고. ㅎㅎ

뭔가 쓸 일이 많았던 것 같은데, 생각이 안 나네.--!! 주저리주저리 편지 읽어줘서 thanks ㅎㅎ 잠 잘 자고, 밥 잘 먹고, 아프지 말고, 너무 스트레스 받지 말고.

밥 먹을 때랑 잠자기 전에 항상 같이 기도해.

오빠야 내가 사랑하는 거 알지?! ㅎㅎ

힘내고. 다음에 또 쓸게.

아, 그리고 논술 도와준 거 정말정말 고마워. 나 열심히 해서 나중에 은혜? 갚을 게 ㅎㅎ 친구랑 연대에 뮤지컬 보러 갔다가 11시에 들어왔어. 엄마한테 엄청 혼나고 '허락받고 외출+통금은 9시까지'가 되었어. ㅠㅠ

완전 방콕 하라는 거지(애들은 저녁부터 노는데 ㅠㅠ 우리 집은 맨날 새벽 기도 때문에 초저녁부터 한밤중인 분위기 ㅠㅠ)

암튼 잘 지내고.

사랑한다 오라비야   2011. 11. 29 꿀순이가

마키아벨리의 군주론

To Mom 효도편지 ㉞

간만에 불침번 근무를 섭니다. 과장 섞인 농으로 25번이나 경계만 섰다고 했었는데 확연히 불침번이 낫네요. 불침번은 말 그대로 생활관의 이상 유무를 확인하고 다음 야간 근무자를 깨워 주는 것입니다. 경계 근무는 밖에서 건물 하나를 지키는 것이고요. 경계근무가 엄마가 '보초'라고 하는 바로 그것입니다. 스키파카를 입고 온갖 방한 대책을 준비하고 나가도 돌아올 때면 온 몸이 얼어 바들바들 떨면서 겨우겨우 복귀하는, 피하고픈 근무입니다.

적응이 항상 긍정적인 방향일 수만은 없습니다. 제게 있어서 군에서의 적응이란 후임에 대한 단호한 통제권의 시행인 것 같습니다. 근대 정치학을 열어제낀 마키아벨리는 저서 〈군주론〉에서 파격적인 발언을 주창했더랬습니다. "권력을 쥐고 싶거든, 유지하고 싶거든 탄압하라." "오래가고 싶거든 무자비하게 백성을 눌러야 한다. 대중은 자신을 탄압하는 대상을 처단하기보다 자신들에게 은혜를 베푸는 자를 처단할 때 덜 망설여지기 때문이다"처럼요. 요체는 군주로 하여금 강인한 사자이자 교활한 늑대가 되게 하는 것입니다.

사람이 어찌 이리도 영악한지 모르겠습니다. 다시 한 번 참고 또 참다가, 어제는 굉장히 신경질적으로 폭언을 퍼부었습니다. 아래 후임이

Letters To **아들!** (공감과 소통) ● 219

잘못을 하면, 절대로 선임들은 다이렉트 훈계 한 번으로 끝내지 않습니다. 항상 중간 짬이 되는 선임을 겁나게 갈구는 겁니다. 자신이 잘못한 게 없는데 욕을 바가지로 먹으면 당연히 두 번째 선임은 화가 나고, 제2 갈굼이 시작되는 겁니다. 이러한 내리갈굼 시스템은 '갈굼의 증폭'을 유발하게 됩니다.

아들 후임이 두 명 있는데, 그중 하나가 골 때립니다[80]. 하는 일이나 생각, 말투로 보나 좀 부족한 놈입니다. 그 애는 여기에서 고문관 역할을 충실히 하고 있습니다. 항상 그 사람으로 인해 갈굼이 시작되어 여러 사람 괴롭히는 놈을 은어로 '고문관'이라고 합니다. 문제는 그놈을 비롯한 여러 놈이 제일 만만하고 덜 혼내는 저를 찾는다는 것이죠. 제 잘못이 아닌데 후임들을 통제하고 제어하고 관리하지 않는다고 독박 쓰고 싫은 소리 듣는 것도 하루 이틀입니다. 선임들한테도 저는 꽤나 만만한 놈으로 비치는지라 중간에 불러 갈구기 좋은 놈이기도 하지요. '드센' 타입이 아니기에 우습게 보는 겁니다. 이렇듯, 좋은 사람, 좋은 선임, 좋은 후임으로 남아보려던 애초의 계획이 오만한 가식과 껍데기의 '척'이었음이 일 년 삼 개월 만에 밝혀졌습니다.

군의 패러다임을 바꾸겠다고 선언한 이후, 맞고 다니던 분위기도 바뀌었고, 이제 이등병·일병이 편안해지게 되었는데, "아! 이걸 어떡합니까, 어머니?" 전 마키아벨리가 옳았음을 여기서 보고 있습니다.

---

80) 이 친구가 내 전역모를 선물해 준 그 아이다.

당근에는 채찍이 있어야 하고, 소중한 아이에겐 훈계와 매를 아끼지 말아야 하는데, 아기의 응석을 다 받아주어 여러 아이들을 망쳐놓은 꼴이 되어버렸습니다[81]. 몸이 편안해지면 내가 더 열심히 잘해야겠다는 각오는 없고, 점점 편안한 것만을 추구하는 이기심과 게으름을 목격합니다.

끝까지 불편을 감내하면서 바보스럽게 살아가야 할 것인가? 아니면 적응 잘하고 드세게 애들을 확 휘어잡는 무소불위의 선임 노릇을 하며 편히 살 것인가? 선택이 필요합니다. 중간지대가 없습니다.

양심을 따라 어떤 선택을 해야 할지는 분명하지만, 현실적인 자존심과 불편함으로 갈등하는 저 자신에게 실망을 합니다.

2012. 1. 19. 새벽 2시

삶을 고민하는, '군대 부적응자 wanna be 아들이

---

81) 이날 한 선임으로부터 '내가 애들 분위기를 다 망친 주범'이라며 욕을 먹었다.

국방부 시간을 잽니다!

To Mom 효도편지 ㊱

간만에 전역자들이 놀러 왔습니다. 한때는 정말 없애버리고 싶은 놈도 있고요. 그래도 오랜만에 보니 반가운 마음이 앞서는 게 신기합니다.

인도에서 엄마가 보낸 엽서가 먼저 오고 긴 편지가 나중에 왔습니다. 신기한 사진들이 가득한 책과 앙드레 류의 음반과, 빈 소년 합창단의 음악과 코 뚫은 콜드 밤까지. 아주 이국적인 소포, 감사합니다. 이태원 출신이라 집에서 신기한 것들만 온다는 말도 또 들었습니다. 이런 거 집 근처에 굴러다니는 것이라고 구라(?)도 깠지요.

날이 며칠간 푹합니다. 얼른 따뜻해졌으면 좋겠습니다. 더워져야 집에 갈 테니까요. 언제쯤, 언제쯤 집에 가게 될까요? 오늘 아침부터는 화목 난로에 땔 나무가 없어 후임 한 명을 데리고 나무하러 돌아다녔습니다. 나무를 줍고 도끼 들고 돌아다니다 보니 민둥산이 왜 만들어지는지를 알겠더라고요. 한 시간 열심히 살피고 다녀도 땔감 삼을 만한 것이 별로 없었습니다. 그냥 도끼로 나무를 패서 말 그대로 4미터짜리 큰 나무를 통째로 들고 갔더랬어요. 생활력이 나날이 생장하고 있음을 느낍니다. ㅎㅎ 나중에 캠프 가면 잘 써먹겠지요.

어제는 위닝이라는 축구 게임을 하다가, 후임이 페널티킥을 차는 순간 그놈의 손가락을 흘낏 보고 골을 막았습니다. 이거 비매너지요. 마치

222 ┃ 엄마 미안해

컨닝을 한 셈입니다. 근데 이놈이 죽자사자 제가 보고 막았다고 달겨드는데, 오기가 생겨 안 봤다고 거짓말을 그리도 했습니다.

한참 뒤에 "아, 놔! 나의 인간됨을 용서해!" 그랬더니 무지하게 웃데요. 민망하게.

총을 쏘러 갔는데, 특등사수라는 명칭을 얻었습니다. 완장 하나 찬 것도 아닌데, 괜히 마음이 여유로워지는 느낌입니다. 총 한 번 쏘고 마음이 부풀어 특급전사를 운운하며 거드름을 피우고 있습니다.

빵구 난 근무를 때우느라 밤을 또 새웠습니다. 그나마 오늘 아침에는 행정계원 숫자도 부족하여 잠을 안 자고 나와서 있습니다. 하늘이 회색빛이고 바람이 축축한데 왠지 모를 기분 좋은 날입니다. 약간 흐린 날이라 운치도 있고 좋네요.

다른 것보다도 이번 주말에 답답한 부대를 빠져나와 숨통을 트일 수 있다는 것이 가장 큰 기쁨입니다. 벌써 모텔 예약도 다 해 놓고 손꼽아 '시간'을 세고 있어요. 요즘. 날짜가 아니라 시간을요.

3월 28이면 100일이 남게 되고, 5월 17일이면 50일이 남게 됩니다. 2010년 9월 28일부터 2012년 7월 6일까지 총 647일 중에 지금 이 순간 자그마치 513일이 지나가고 있습니다. 남은 일수는 134일이고요. 민간인이 되기까지는 79.3%를 채웠습니다. 전역의 그 날까지 4.4 달이 남았으며, 19.1주가 남았고, 시간으로 치면 3,204시간이, 분으로 환산하면 192,240분이! 게다가 자그마치 11,534,400초!

이걸 앉아서 계산하고 있는 저는 바보예요. 뭐 이러고 지내요, 허허.

새로운 신병이 왔어요. 교회 다니는 녀석인데 이놈이 으째 분위기도 드세지 못하고 유들유들해요. 농담삼아서 그랬어요. 나중에 혹시라도 선임들이 운행 갈래 교회 갈래 물어보면, 차라리 교회 배차를 나가겠다고 말하라고요. 옆에 있던 사람들 모두 단박에 뭔 말인지 알고 다 웃었어요. 너무 순수한 것은 맹목적이고 바보 같은 외길인생인지도 모르겠습니다.

아, 졸려요. 밥 먹고 올래요.

2012. 2. 28 군바리 아들

p.s. 지금 여기까지 써 놓은 것이 갔는지 확신이 안 섭니다. 만약 보냈던 것이라면, 한 번 더 읽으세요.

휴가를 다녀와서

To Mom 효도편지㊲

마음이 바빠지기 시작했습니다. 이제는, 집에 갈 때가 된 거죠. 라흐마니노프의 교향곡을 들으면서 이 편지를 씁니다. 1악장부터 멜로디가 명확하고 호소력 있는 주제로 다가옵니다. 위경련과 장염 비슷한 그 증세는 꼬박 이틀 밤 하루 낮을 소진하게 했습니다. 말 그대로 스트레스성일지도 몰라요. 편한 집에서는 잘 지내다가, 밥도 제대로 못 먹고 계속 배출해내기만 하니. 혹 이것이 단기속성 '통과의례'는 아닌가 하는 엉뚱한 생각도 듭니다. 사회의 고기와 영양분을 다시 다 빼고 짬밥으로 충만히 채우는 거죠. 여튼 '밥'에 대해서 생각 좀 해봤습니다.

밖에 나가서 마음에 걸리는 게 몇 가지가 있어요. 생각보다 우리 식구와 밥상을 나눈 시간이 적었다는 것, 마지막 날 아침을 다 토한 것, 그리고 엄마한테 자꾸 용돈을 받은 것이요. 엄마도 물질적으로 넉넉하지 않은데 제가 부담만 되는 것 같아서 더 마음이 무거웠습니다. 저는 〈아낌없이 주는 나무〉의 내용이 슬퍼서 싫어요. 나무가 자신의 모든 것을 소년에게 줬지만, 소년은 항상 부족하고 모자라서 더 많은 것을 원했거든요. 나무는 자신의 정체성을 희생했는데, 소년은 아끼고 사랑하는 마음을 잃어 갔습니다. 여하튼 현실에서 보고 싶지 않은 이야기입니다. 나무는 사랑이 많았지만, 지혜롭진 않았어요.

표현이 격해졌네요.

음악을 배울 때, 또 공부할 때, 언제나 나는 엄마에게 '이기적인 아들'이었습니다. 고맙고 감사하다는 말이 지극히 얇고 박하지만, 신앙과 음악, 문학과 감성을 선사해 주셔서 삶이 고맙습니다.

논술 문제 하나 봐 보세요.

군인에게 휴가가 필요한 이유를 서술하시오(40분, 700자 +_ 50자).

군인에게 휴가란 자신의 정체성을 확인하고, 자존을 갱생하도록 하는 주요한 기회가 된다. 이는 휴가 제도가 단순한 휴식 내지는 타인과의 소통 이상의 역할을 감당해 낼 수 있음을 시사한다. 위병소를 벗어나는 순간, 영외의 까마귀도 지저귀고,

한파 속에서도 햇살이 부드럽게 내리쬐고, 세상은 아름답게 반짝이며, 기도로 넘어가는 한 숨의 공기는 넥타가 되어!

에잉. 근무 인솔 나가요.

3. 24. 1:45am 사랑하는 아들!

라흐마니노프 교향곡 2번 3악장은 정말 들을 만합니다!

세상은 얼마나 경이로움으로 가득 차 있는지요.

저녁을 바라보며 펑펑 눈물짓고 싶어지는 주제 선율입니다.

철저하게 낮은 자리, 억압받는 자의 자리에 처해 보지도 않고, 이렇게 하면 된다고 저렇게 하면 된다고 탁상공론을 일삼는 것은, 목숨을 걸고 하루하루를 살아가는 약자들에 대한 폭력이자 모독입니다. 그리고

저는 믿어요. 삶의 가장 밑바닥까지 떨어지고 다시 도약해 본 사람만이 삶에 대한 진정한 애착을 갖게 된다는 것을요.

　유태인 대학살에서 살아남은 생존자가 쓴 〈죽음의 수용소에서〉라는 책을 읽고 이런저런 생각을 해봐요.

3. 24. 2:27am 아들

병장 축하!

사랑하는 아덜! 위문편지 백쉰세번째

오늘 아침 편지를 쓰다 보니, 문득 엄마 편지는 너무 형이하학적이라는 생각이 들었다. 오로지 안전하고 건강한 것을 걱정하며 늘 먹는 것, 자는 것만 반복해서 묻고 당부하니 말이다. 네 글은 늘 형이상학적이다. 깊은 고민과 상념들, 따뜻함이 묻어나는 유머까지 곁들여져 있다.

병장으로 전역할 수 있다니! 참말로 기쁘구나. 매번 체력시험을 턱걸이해서 재시험을 치렀잖아! 카더라 통신에서 체력시험 통과 못 하면 상병으로 전역한다고 들었거든. 병장 축하한다! 특급전사라도 된 것 같이 기쁘구나. 엄마 기도도 있지만, 암튼 너도 애쓰긴 했잖아.

오늘 편지를 쓰려다가 깜짝 놀랐다. 보름 동안이나 네게 편지를 쓰지 않았다니! 엄마가 제정신인지 모르겠다. 물론 네가 휴가도 왔었고, 엄마도 바쁘긴 했지만 말이다.

엊그제 학교에서 발제를 했는데 써놓은 것도 잘 못 읽었다. 오랜만에 아주 오랜만에 해보는 공부라 생각처럼 쉽지 않았다. 당황스러워서 중간에 여담으로 변명했다. 나는 원래 잘할 수 있는데 교회에서 집에서 뒷바라지만 하다가 보니까 남 앞에 서서 말하는 것도 이젠 어눌하다고. 하지만 믿어 달라고. 내게도 빛나는 시절이 있었다고. 읍에서 하나밖에 없는 피아노를 연주하고, 학교 때는 밤새 기타 치고 노래하는 베짱이였다고. 갑자기 화기애애한 분위기가 되어 마무리를 잘 했다. 문제는 여기서부터였다. 다음 주 엠티 때 기타 반주 하라는 거였다. 잘난 척은 했지, 빼도 박도 못하고……. 오늘 낡은 기타를 꺼내 몇 소절 불러 보았다. 하도 오랜만이라 잘 못할 것 같은데. 에고~

네가 휴가 나오기 전에 기다리던 시간이 오히려 행복했다. 네 책장 정리부터 해 놓고 얼마나 뿌듯했는지. 네가 돌아와 침대에 뒹굴거리면서 책 한 권 꺼내 들고 글 산책하는 것, 냉장고에서 시원한 물 꺼내 마시는 것, 등등 생각만으로도 기분이 좋았다.

유부초밥을 못 먹인 것, 괜히 다른 반찬만 들이밀어서 네 위를 부담스럽게 했다는 것이 좀 후회스럽고. 네가 짧은 치마에 그렇게 열정적이었다는 것이 조금은 의외였다. 네가 건강하다는 증거니까 오히려 좋은 일이다만, 그런데 어쩌냐! 좋은 친구로만 지내자고 하니……. 네가 많이 실망하는 것 같아 안쓰럽긴 했다. 어쩌냐! 군인은 사람도 아닌 모양이니, 전역해서 여유있게 짧은 치마 잘 구해 봐라.

소영인 오늘 네 바이올린 메고 오케스트라 오디션 보러 갔다. 악기는 네 것이라 소리 잘 나는 에쿠스인데, 무슨 곡 하나 끝까지 번드르르 할 줄 아는 게 없어서 티코 같은 팝송 곡 하나 켜보고 가더라.

99일 남았다고? 그래 묵묵히 하루하루 지내다 보니 시간이 흘러가 줬구나. 올챙이 때 서러움도 기억하면서 따뜻한 병장님이 되어보렴!

우리 아덜! 장하다. 주의 평안!

2012. 3. 29. 맘

내일 일은 내일 걱정하고!

사랑하는 아들! 위문편지 백쉰다섯번째

병장이라 좀 여유로워졌다니 다행이다. 전역해서 공부할 걱정에 생각이 복잡하다고? 영어 강의도 걱정되고 진로도 고민스럽다고?

아서라! 그냥 잘 지내라. 심각하게 여러 생각하지 말고, 내일 일은 내일 걱정하고 오늘을 잘 살아보렴! 네가 쫄병 때는 어땠는지 생각하고 잘 돌봐주고, 네게 맡겨진 업무 성실히 잘 감당하고.

네가 필요한 곳에 잘 쓰였으면 좋겠다고? 여기저기서 부른다고? 그래, 본 업무 외에 부탁하고 맡기는 일들도 즐거이 감당해보렴. 할 수 있을 거라고 믿어주는 것도 고마운 일이니까.

단, 수레바퀴 밑에 깔리지 말아야 한다는 것[82], 네가 할 수 없는 일에 대한 '한계'는 잘 정하고, 알지? 육군의 패러다임은 못 바꾸어도 고질적인 분위기는 바꿔볼 기회잖아. 네가 병장으로 있는 동안에는 적어도 수송부, 아니 내무반 안에서라도 억울하고 외로운 사람 없도록, 노력해 볼 수 있는 기회잖아.

철저하게 억압받는 낮은 자리에 서지 아니한 사람이 인생에 대한 담

---

82) 헤르만 헤세의 〈수레바퀴 밑에서〉.

론과 형이상을 논하는 것이 치열하게 살아남기 위해 견디고 버티는 사람들에 대한 폭력이고 모독이라는 말. 그래 맞다. 군 생활을 한 사람은 인간관계의 극한 어둠을 경험한 사람은 인생에 대해 말할 자격이 있다고 생각한다. 인생에 대해 말할 자격증을 취득한 거라고.

날씨가 추웠다가 정신없이 더웠다가 변덕이 심하다. 온도에 맞게 몸 건강 잘 챙기고, 시시때때로 지혜롭게 분별하고, 성실히 행하고. 거꾸로 달력만 세지 말고, 후회스럽지 않을 정도로만 시간 관리하고, 병영생활의 고수답게 진중하고 순발력 있게 잘 감당하렴!

네가 병장이 된 것이 엄청 감격스럽다. 네가 윗몸 일으키기를 못 해서 병장 진급도 못 하고 부끄러움을 당할까 봐 걱정했거든! 사랑한다, 아덜!

2012.4. 10. 맘

컴퓨터로 편지를 써요

To Mom 효도편지 ④

때아닌 4월에 눈이 내렸습니다. 날은 엔간히 풀려 함박눈이 땅에 젖어 버립니다. 정체성 없는 진눈깨비가 아니라 분명한 함박눈입니다. 기특하지요. 날씨도 따스하고 땅도 녹아 마음을 푸는데, 하늘이 아직 녹지 못한 탓입니다. 어쩌면 어제부터 내린 봄비를 시작 삼아 겨울이 아쉬운 인사를 대신하는 듯합니다.

지난 주일에는 GDP 교회에 위문을 갔습니다. 상전 장교와 저는 그전날 밤샘근무를 섰지만, 기쁜 마음으로 전방에 갔습니다. 상전 장교는 첼로를 하는 여장부입니다. 따뜻하고 배려심 많고 음악을 좋아하는 사람입니다. 차량에 문제가 있어 목사님, 재찬이(반주, 피아노 전공), 상전 장교, 저. 이렇게 넷이서 승용차를 타고 갔습니다. 음악 얘기도 하고 나중에 공연 초청 약속도 하면서 웃고 떠들었더니, 목사님이 보기에 즐거우셨나 봅니다. 날도 날인지라 연주를 잘하고 나니, "저 둘이 사실 부부입니다. 크하하!"하고 조크를 던지시는 바람에 졸지에 유부남 될 뻔했습니다. 나한텐 예슬이도, 짧은 치마도, 은진이도 있는데……. 허허!

오늘 운전병들 먹을 간식을 사러 갔다 오다가 급한 소식을 들었습니다. 드럼통을 옮기다가 한 병사가 다쳤다더라고요. 기름이 그득하게 담긴 드럼통은 200킬로가 넘습니다. 잘 모르는 갓 일병 단 짬찌[83)가 괜히 다른 사람을 도와주다가 드럼통 두 개 사이에 손가락이 끼는 사고를 당했습니다. 피가 많이 나고, 손가락이 **뼈**만 남아서 살이 달랑달랑한 게 마치 비엔나소시지같이 되었다는 말에 적잖이 놀랐습니다. 괜히 제 손가락이 아린 듯합니다. 이렇듯 사고 소식을 듣고 나서야 제 몸 성하고 안전한 것에 안심합니다.

　수송부 컴퓨터로 편지를 써요. 그냥. 한 번쯤은 컴퓨터로 쳐서 보내보고 싶었습니다. 바람의 끝자락에서 봄의 내음새를 맡았다고 하면 아직 이르겠지요. 날씨가 푹푹하니 안즉 봄이 멀었는데 괜히 마음이 설렙니다. (철책 너머로 보이는 DMZ의 봄빛은 환상입니다) 어느덧 날이 저물어이만 줄여요.

2012. 4. 13. 아들이

---

83) 짬 찌끄레기의 준말. 쫄병을 낮춰 부르는 군대 은어.

골목대장

골목대장이 되었다고? 축하한다. 분대원들이 밤에 TV 보러 가는데 너만 아파서 TV 보러 못 갔는데, 그날이 D-데이였다니……[84]. 아침에 일어났더니 분대장이 되어 있더라고? 하루아침에 일어나보니 유명한 사람이 되어 있었다던 바이런이 부럽지 않겠구나. 포상휴가가 있는 골목대장이 되었다고? 좋겠구나. 너무 들뜨지 말고 말이다.

모든 것이 헛되다는 전도서가 언제 읽힌 줄 아니?, 축제 때라는구나. 너무 들뜨지 말고 죽음과 인생의 의미를 생각하라는 뜻이겠지. 또 대대장님 포상 받았다니, 병장 말년에 좋은 일들이 많구나.

임종인 병장님! 병장이라고 분대장이라고 시키기만 하지는 않겠지? 축하한다. 실은 네가 병장 때에도 적응?하지 못하고 힘들어만 하면 어쩌나 많이 걱정했거든. 사랑과 친절과 배려의 리더쉽을 잘 발휘해보렴! 네가 분대장이 되다니. 학교 반장보다 더 마음 쓸 일이 많을 것 같은데? 불합리하고 부조리한 것은 없는지, 부당하게 당하는 후임은 없는지 잘 살펴서 꾸려가기를 바란다.

집 앞에는 연두 빛깔의 새순들이 나뭇가지 끝에서부터 올라와 이제

---

[84] 밤에 몰래 간부교육실에 가서 TV를 보는 것이 한때 우리 분대의 유행이었다. 그런데 갑자기 몸이 아파 내가 못간 날, 순찰 돌던 당직사관한테 몽땅 걸리는 바람에 다음날 우리 분대는 작살이 났다.

막 도화지에 밑그림을 그리기 시작한 것 같다. 녹음이 우거진 여름을 그리기 위해 잔뜩 생기를 머금은 나뭇가지들이 그냥 갈색이 아니구나. 희망과 새로운 미래를 향해 스탠-바이한 나무. 아직 꽃이 피거나 나뭇잎이 솟아나지 않았어도 이미 겨울나무가 아니다. 아직 성숙한 인격은 아니어도 아직 완벽하지는 않아도 깨어 있으려고 진실하고 정직하게 살아가려고 하는 영혼은 아직 실수와 허물투성이어도 실패한 삶은 아니라는 거지. 무슨 얘기를 하려고 하는 건지 잘 모르겠다. 철학적이고 고뇌하는 아들에게 밀리지 않으려고 엄청 머리 쓴다.

잃어버렸던 지난 편지를 다시 보내줘서 고맙다. 어제 받았다. 다음 주에나 집안 뒤져서 편지 정리를 해보려고 한다. 휴가 나왔을 때 편히 쉬도록 책장 정리부터 옷장 정리, 소영이 철수시키기 등 벌써부터 마음이 분주하다. 만날 마음만 먹고 정작 코앞에 닥쳐야 하면서도 말이다.

언제 이야기 치료 강의 시간에 자신에게 나쁜 경험을 하게 한 부정적인 인물들은 자신의 인생에 영향력을 미치지 않도록 비중을 적게 두는 법에 대해 들었다. 때에 따라서는 부정적인 인물을 자기 인생에서 퇴장시키고, 긍정적 영향을 주는 인물들은 극우대하여 재배치하도록 돕는 상담의 기법 말이다. 자신을 힘들게 하고 억압했던 이야기를 수정해서, 긍정적이고 즐거움을 주었던 기억으로 삶을 소중히 잘 가꿔가라는 말이다.

우리 아덜 딸은 엄마 인생에서 긍정적 영향을 미친 극우대 대상인 것 알지?

군대에서도 네게 부정적인 영향을 미치는 사람들에 대한 비중은 줄

이고 네게 선히 대해주는 사람들에 대한 비중은 높여 두고 그렇게 잘 적
응해 보렴!

네 전화를 받을 때마다 식사 시간이어서 늘 맛난 것 먹고 있으면서
받으려니 미안하구나. 휴가 때 나오면 먹고 싶고 가고 싶고 하고 싶은
일이 뭔지 잘 적어 두어라.

소영이는 소개팅 받은 남자와 몇 번 만나더니 엊그제 헤어졌다고
한다. 아빠랑 나랑 사람이 실력도 있고 마음도 따뜻하다면서 왜 그렇
게 빨리 결정을 했느냐고 아쉬워했다. "사귀다 보면 좋아지고 정들 텐
데……."라고 했더니, 소영이가 발끈하며 정색한다. '정'으로 사는 사
람들은 엄마 아빠처럼 늙은?사람들의 얘기지, 자기는 첫 남자 친구인데
두근거리지도 않은 사람이랑 어떻게 사귀느냐고 말이다. 그래 아무 말
도 못 했다. 다 괜찮은데 키가 작다는구나. 요즘 여자들은 남자 못생긴
것은 봐 주어도 키 작은 것은 용납이 안 된다는구나. 너 군대에서 밥 많
이 먹어라. 키를 더 키워서 나와라! 안 그러면 장가 못 갈라!

소영이는 시험 기간이라 바쁘다. 감기 기운이 있는데, 코 찔찔 흘리
며 기침해가며 숙제와 시험 준비를 한다. 수능+논술로 학교 간 녀석이
첫 시험부터 밀리면 안 되는데, 시험 보는 요령이나 알고 있는지. 팁 좀
주거라.

사랑한다. 아들!

신교대 구호,

필승! 충성! 단결! 뭐 이거 아니었냐?

2012. 4. 15. 맘

끼인 세대를 위한 찬가

날이 얼마나 맑고 깨끗한지요. 기분 좋은 날입니다. 철모르는 단풍나
무는 벌써 가을인 줄 알고 또 붉은 잎을 내보입니다. 엉뚱한 나무의 착
각이 저에게도 전염되었나 봅니다. 괜시리 하늘이 높아 보이는 걸 보니
가을이라도 된 양 마음이 풍요로워집니다.

우리 분대원들이 사고를 많이 칩니다. 너무 천덕꾸러기들이에요. 다
들 고참이에요. 일병은 없고 이등병만 한 명입니다. 나머지는 다 머나먼
상꺾(상병 말에 가까운 고참들을 말함)에 병장 4명입니다. 짬 좀 되니 다들
일하기는 귀찮아하고, 점호도 잘 안 나오려고 하고, 거짓말하고, 편해
보려고 여기저기 도망다니고... 게다가 또 자기들 이익되는 일에는 얼마
나 열심인지요.

분대 바꿔서 왕고 노릇 좀 하고 싶어하는 속이 너무 빤히 보여서 짜
증이 났습니다. 우리 분대에 갈등 분위기를 조장해서 서로 싸우는 척이
라도 한 다음에 우리 분대를 고공분해시키면, 자기들도 다른 분대에서
대장놀음 할 거라고 하더라고요. 불편한 농담에 벌컥 불쾌했습니다. 꼭
성실하지도 않은 놈들이 그런 논쟁을 벌여요. 쓴웃음이 납니다. 우리 분
대원들이 정신머리 똑바로 안 차리고 댕기는 것이 마음 아픕니다.

변화를 위해서는 중간에 끼인 한 세대의 온전한 희생이 필요하다고 생각해요. 일이등병 때 고생하고, 상병장 때에도 열심히, 온전히 부담과 불편과 짜증을 감내해가면서 묵묵하게 고생을 받아들여야 하는 인내의 세대가 있어야 합니다. 그 세대가 있어야 그다음 세대가 변화의 유익을 누립니다. 군에서의 한 세대는 2년이니 소위 끼인 세대의 깊은 희생-자진하는 어려움-이 있어야 한다는 것이지요. 마치 우리나라의 486세대처럼요.

저는 그 끼인 세대를 이끌고 싶었습니다. 선임의 부조리에 저항하고 깨어진 일이등병의 고생이 억울해서라도, 상병장이 되어 일이등병에게 마음 편한 군 생활을, 안정적이고 즐거운 병영을 선사해주고 싶었습니다. 물론, 저도 이등병 때 고생한 본전 생각이 나서 짜증 날 때도 있지요. 눈치만 보고 살살살살 피해 다니고, 정신 빼놓고 다니는 놈들 보면, 내가 도대체 뭘 하고 있나 싶기도 하고요. 그럼에도 불구하고 저는 끝까지 가 볼 생각입니다. 우리 사단장님하고 약속했거든요. 패러다임을 바꾸겠노라고.

모두의 마음이 하나같다면 좋으련만, 또 그렇지들은 않은 모양입니다. 어제는 이래저래 불편한 날이었고, 점호를 빼먹은 분대원들을 변호해 주려다 저만 된통 간부한테 카운터펀치를 맞았습니다. 언제나 좋은 의도가 선한 결과로 직결되지는 않아요. 다시 한 번 느꼈습니다. 이혼하신 부모님이 자신을 보려고 처음으로 면회를 온다던 말썽꾸러기를 편들어주려다 저도 졸지에 거짓말쟁이 공범이 되어버렸습니다. 저는 그냥 속아주는 동네 사람들이 되렵니다. 여러 번 속았으면서도 늑대가 왔다고 외치는 양치기 소년이 걱정돼서 뛰어나오는 사람 말예요. 정말 만약의 경우에 진짜 늑대가 온 것이면 어쩌나 하고 달려 나왔다가 또 허무하게 돌아 들어갑니다. 이것들을 확 다 뒤집어 놓고 박살 내 놓고 싶지만, 또 분대 관리 잘못하면 희생당할 내 휴가들이 가엾어 참습니다. 승질 같아선 증말 이 씨부럴 놈들을 ! ! !

사랑은 공의보다 강하여.

That is love. Don't deny입니다. 하아. 이것도 인류애입니다. 사랑입니다. 나름의 정이 있으니 또 이 녀석들 될 대로 되라고 포기하지 못합니다. 역풍을 맞아도 또 나가고, 뻔히 알면서도 혹시나 이번엔 진짜인가 해서 양치기 소년들을 구하러 나가고. 내가 없으면 또 똥 싸고 뭉갤까 봐 같이 살아줍니다.

(또 꼭 문제만 터지면 저만 찾아와요. 진짜. 에라이 ㅋㅋㅋ)

에이 귀찮아!

2012년 4월 마지막 날.
할 것 없이 여유로운 아들, 병장 임종인 보냄.

마지막 편지

사랑하는 아덜! 위문편지 백일흔번째

전역을 앞두고 거의 마지막 편지가 될 것 같구나. 21개월, 6백여 일의 군 생활을 안전하게 마친 것 감사한다. 매 순간 마음 졸이며 염려한 날들도 많았는데, 건강하게 안전하게 지내게 되어 참으로 감사하다. 너를 힘들게 한 사람들도 많았지만 그들은 용서하고, 그게 안 되면 그냥 잊어주고, 네게 힘을 주고 도와준 사람들은 감사함으로 기억해야겠지.

잘 견뎌줘서 우리 아들 고맙고. 겪지 않아도 될 일들도 있었지만 아찔한 위기 가운데도 잘 견뎌주고, 크게 상처 받지 않고 네 영혼과 맘을 건강하게 유지하고 지켜줘서 대견하고 고맙다. 엄마 아빠 여행 동안 말년 휴가 당겨 나와서 집 잘 지키고 소영이 잘 돌봐줘서 고맙다.

이상하다. 엽서에 나오는 동화같이 아름다운 풍경인 잘츠캄머굿을 보면서 왜 너는 그곳을 여행 했으면 좋겠고, 소영인 어떻게든 그곳에 살아보게 하고 싶었는지 모르겠다. 소영이가 어렸을 때 그림도 그리고 동화도 쓰고 싶다고 했는데 말이다. 너는 넓은 세상의 일부로 경험했으면 족하겠고 말이다.

너에 대해서는 어디서 무엇이 되든 우리 사회와 공동체에 좋은 영향력을 끼치는 사람이 되었으면 했다. 세상 어디에든 거리낌 없이 다니도록 내놓아야 한다고 생각했고, 소영인 늘 곁에 두고 싶었다. 우리 노년에도 외롭지 않게 아기자기한 정 나누며 살고 싶었다. 그런데 소영이가 좋아하는 일이라면 곁에 오래도록 두고 싶은 욕심을 놓아야 한다는 생각을 했구나.

병장 말년이라 너도 군기가 빠졌니? 후임들에게 말발도 안 먹힐 것 같은데, 어떻게 잘 지내고 있냐? 양보하고 배려하며 위해 주었는데도 네 맘을 몰라주어서 섭섭하다고? 작은 사랑 베푼 것에 섭섭해 하지 말고, 네게 선을 베풀어 주었던 많은 사람들에게 감사하고. 군 생활 그렇게 잘 마무리하렴!

사랑한다 아덜!

충성! 단결! 그리고 뒤에 한 개가 뭐드라? 신병 교육대 앞에서 내내 외웠는데?

2012. 6. 26. 맘

생일선물

2012년 7월 6일 아침, 새벽이슬과 풀내음을 맡으며 홀가분한 마음으로 아들의 부대로 향했다. 녀석이 좋아하는 유부초밥과 간식을 챙겼다. 신분을 바꿔 줄 새 옷도 준비했다.

광화문으로 북한산으로 접어드는 길이 정겨웠다. 내비게이션을 찍을 필요도 없었다. 두어 갈래 길이 눈에 훤했다. 굽이굽이 논길 따라가는 길이 좋아 여유롭게 달린다. 걱정스럽고 아픈 마음으로 이 길을 내달린 적도 많았더랬다. 뭔가 아쉽고도 후련한 마음까지 들어 차창을 열고 푸른 들녘을 통째로 들이마신다.

경기도의 한적한 시골 읍내, 8시 30분. 안도감과 평온함으로 위병소 앞에서 아들을 기다렸다. 한 번도 이렇게 품위 있게 기다린 적이 없었다. 매번 면회 때마다 위병소 앞을 기웃거리는 것으로도 조급한 마음이 가시지 않아서 평상을 딛고 올라서곤 했다. 평상 위에 까치발로 서면 아들이 바삐 연병장을 가로질러 나오는 모습도 보였고, 못내 아쉬워 누차 돌아보느라 걸음이 더딘 아들의 뒷모습을 배웅할 수 있었다. 처음으로 얌전히 위병소 앞에서 아들을 기다리다 보니, 그제야 부대 앞 작은 화단들이 눈에 들어왔다. 오로지 깨금발로 오를 수 있는 평상만 보였는데, 몇 그루의 나무와 잔디, 그 사이사이에 오밀조밀 심겨 있는 꽃들이 꽤 아담했다.

위병소 병사들의 담당인지 부대 앞 면회소 병사들의 관할구역인지 모르겠지만, 심지어 잔디까지도 머리를 단정하게 깎아 났다. 마을 앞이나 관공서 앞에 있을 법한 평범한 화단이지만, 아들의 전역을 기다리는 위병소 앞의 화단은 의미가 새로웠다. 오늘 전역하는 녀석은 크게 나라의 위상을 높인 국가대표 선수나 학자, 혹은 예술인도 아니었고, 혁혁한 공을 세운 장군도 아니었다. 대한민국 평범한 젊은이로 나라를 위해 개미군단처럼 묵묵히 제 몫을 감당하고 나오는 일개 병사였다. 이런 병사들에게 단촐한 위병소는 환호하는 공항이나 행사장 못지않았다. 작은 민들레와 올망졸망 다알리아는 빛나는 화환이었다. 열광하는 팬이나 관객은 없었지만, 상큼한 공기와 맑고 밝은 태양은 21개월의 수고로움을 환대하기에 충분한 카메라 스포트라이트였다.

아들은 말년 병장답게 여유 있는 표정으로 씩씩하게 걸어 나왔다. 작고 아담한 화단의 축하를 받으며, 수천 개 나뭇잎의 박수를 받으며, 한 결같은 지지자와 팬들에게 답례를 하며, '잠시 얼마간 집'이었던 부대를 뒤로했다.

소포로 부치지 못한 짐들을 양손 가득 챙겨 나오지 않았다면, 퇴역장 교처럼 폼 좀 나는 전역이었을 것이다. 역시 아들은 평범한 사병답게 제 것들을 하나하나 끌어안고 나왔다. 아들은 수송부 행정병이면서 필요시 엔 군악대에 차출되기도 하고, 교회의 배차를 받을 때는 날아가서 감당 했다. 전역하는 날에는 군악대에서 명예군악대 배지를 달았고, 부대와 교회에서 이러저러한 포상과 크고 작은 선물을 받아왔다. 작별의 정을 나누며 웬만한 소품과 속옷 따위도 다 나누어 줬지만, 선물은 아주 작은 것이라도 줄 수가 없었다고 했다. 결코 짧지도 만만치도 않았던 21개월 의 시간들을 견뎌낸 무사한 전역이었다.

내 생애 가장 큰 생일선물을 받았다. 아들은 군 입대 첫날부터 무사 한 전역으로 엄마에게 생일선물을 하겠노라 약속했었다. 엄마 생일 전 날이 자기 전역일인 것은 우연이 아니라고, 자신의 효심이 하늘을 감동

시켰다는 등 너스레를 떨면서 자신의 전역이 최고의 선물이 될 것이라고 예고했었다.

아들은 유난히 생일을 챙기곤 했다. 어려서는 제가 좋아하는 종이비행기나 연필 따위를 삐뚤빼뚤한 축하편지와 함께 둘둘 말아 줬다. 청소년기에는 용돈을 모아 하이테크 펜, 수첩, 양산, 시집, 음악회 티켓 등을 챙겨주곤 했었다. 그리고 오늘, 약속대로 안전하게 군 복무를 마치는 것을 생일선물로 삼았다. 참말로 자유로운 민간인이 된 것이다.

생일파티를 했다. 내 생일에 아들 전역을 축하하고, 또 아들 전역에 내 생일을 축하하는 파티였다. 집을 나갔던 탕자가 돌아온 것처럼, 아니 월남전에서 무사히 돌아온 김 상사네 집처럼 동네방네 잔치를 벌였다. 평소 좋아하는 김치찜과 미역국, 갈비를 구워 가까운 이들과 기쁨을 나누었다.

잘 견뎌내고 무사히 전역한 아들을 위해 우리 부부는 아들에게 배낭여행을 준비해 줬다. 우리 가정 경제 수준은 넘치지도 모자라지도 않은 정도이지만, 조금 무리하더라도 아들에게 위로의 선물을 주고 싶었다. 말하자면 전역 위로 휴가라고나 할까.

군대에 적응하느라 자신의 신념이나 가치관이 흔들리기도 했을 것이다. 마음에 상처를 입었거나 지친 부분들도 많았을 것이다. 아무에게도 말할 수 없는 불편한 진실조차도 가슴에 묻고 가기를, 부정적이고 아픈 경험들을 훌훌 털어버리기를 바란 것이다. 넓은 세상 다양한 사람들의 삶을 바라보면서 이해하지 못한 일들은 그저 묻어둘 힘을 얻길 바랐다.

군대의 과정을 통해 자신과 가족 외에, 나라와 민족을 생각할 줄 아는 젊음으로, 공동체 생활을 통해 가난함에도 부함에도 처할 줄 아는 인격으로 성숙하기를 바라본다. 우리의 아들이 참신하고 건실한 영혼의 젊음이 되기를 소원한다.

새로운 미래를 기대와 설렘으로 시작하기를 바라는 마음으로.
우리 부부는 아들의 새로운 출발을 응원했다.

기억의 장독대

2013년 9월 1일 오후 3시 35분. 늦더위가 아직 한창이었다. 창문 밖엔 주말 인파가 붐빈 이태원 거리가 보였다. 그리고 나는 컴퓨터 앞에서 머뭇거리고 있었다. 컴퓨터 모니터에 이메일 창을 띄워놓고 30분이 덧없이 흘러갔다. 마음이 푹푹 찌는 듯 답답했다. 보낼까 말까. 손가락 한 번 까딱해서 문서 하나 보내주는 것이 이토록 어려울 줄이야.

며칠 전 휴대폰으로 문자가 하나 왔다. 아주 잠깐 기억에서 잊혔던 이름이었다. 절대 잊어서는 안 되는 이름이었다. 내 21개월 전부를 불편하게 만들었던 그가 내게 연락을 한다. 그는 내가 병장 시절 예편을 앞둔 중대장의 자기소개서를 몇 차례 손본 것을 기억했다. 단기 하사를 마치고 전역을 하는데, 자신의 자기소개서를 좀 대신 써 줄 수 있겠느냐는 부탁이었다. 엉겁결에 내용이나 보내보라고 답했고, 곧 후회했다. "네가 무슨 염치로 내게!"라고 침이나 퉤 뱉고 싶은 마음이었다.

맥이 풀렸다. 그가 보내온 스무 줄 남짓한 글에 내가 분노했던 선임의 모습은 없었다. 그럴듯한 자기소개서를 쓰는 데는 채 한 시간도 걸리지 않았지만, 정작 다 쓴 그의 자기소개서를 보내줄 것인지를 고민하는 데 꼬박 사흘이 걸렸다. 내가 한바닥 써 놓은 자기소개서에는 대한민국의 한 평범한 청년이 오롯이 담겨 있었다. 나는 속상했다. 인사 담당자들에게 이놈이 아주 지 후임들을 못살게 갈구던 나쁜 놈이라고 고발하고 싶었다. 그의 앞길을 확 막아버리지는 못할망정 도움이 되고 싶지는 않았다. 급기야 모질게 박대하지 못한 나 자신에게도 짜증이 났다. 이것은 아주 간단한 문제였다. 이놈을 인제 그만 용서해야 하나? 나는 답을 못 내리고 똥 싼 강아지마냥 낑낑대고 있었다. 이놈을 그만 용서해야 하나?

35분⋯⋯. 36분⋯⋯. 그리고 37분이 됐다. 3분 동안 21개월이 스쳐 지나갔다. 심장 저 언저리에서부터 몰아쉬는 한숨과 함께 딸깍, 메일을 보냈다. 클릭하기가 무섭게 뒤도 안 돌아보고 가 버린 메일이 야속했다. 마음 한구석에 뿌리내리고 있던 큰 고목이라도 뽑아놓은 것 같았다. 뿌리가 뽑힌 자리가 허전했다. 헌 이를 뽑은 자리에 나도 모르게 혀가 들락날락하듯이 말이다. 그 날은 나의 분노와 독기, 오기로 자라난 감정의 나무를 뿌리째로 확인하는 날이었다. 비로소 글을 남겨야겠다는 생각을 했다. 나는 용서하고 싶지 않아서 글을 쓰기 시작했다. 배알도 없이 자기소개서를 기어이 보내 준 나에 대해 화가 나서 글을 쓰기 시작했다. 2013년 9월 1일 오후 3시 37분.

그로부터 1년 반이 훌쩍 지났다. 편지 더미와 메모 조각에 담겨 부산스럽게 날리던 기억의 쪼가리들을 하나하나 꿰어맞췄다. 그래도 여전히 나는 화가 나 있었다. 내가 경험한 군 생활의 부조리와 모순들을 하나부터 끝까지 모두 고발할 심산이었다. 펜을 쥔 자의 권력이었다. 그런데 분노로만 채운 글이 하도 횡설수설이라 읽는 이들을 당혹스럽게 했다. 초고를 읽은 대학 친구는 글이 너무 노골적이고 거칠다고 혹평했고, 열 번째 수정본을 보신 전 사단장님께선 글이 어떤 주제와 방향을 보여주고 있는지 마음에 와 닿지 않는다고 말씀해주셨다. 그랬다. 나는 머리 끝까지 흥분해서 내가 무엇을 말하는지도 모르고 처음부터 끝까지 날것 그대로의 감정을 쏟아붓고 있었다.

그러나 열댓 번 쯤 글을 만지작거리면서 점점 글이 둥글둥글해지기 시작했다. 같은 내용을 열 번, 스무 번 곱씹는 동안, 화가 나서 보지 못했던 것들이 보이기 시작했다. 나의 치기가 보였다. 어떻게 인간관계의 문제를 풀어나가야 할지 몰라 허둥대던 스물세 살 어린이가 보였다. 자라온 환경과 배경이 다른 다양한 사람들 속에서 내 길을 확인하지 못하고 헤매던 쫄병이 보였다. 같은 글을 계속 쓰는 것이 본의 아니게 성찰의 과정이 됐다. 꼭 그래야 했을까. 가장 좋은 방법은 무엇이었을까. 나는 어떤 부분에서 더 성장해야 할까. 어떻게 겸손을 배웠어야 했을까. 결국 나는 화를 낸 것이 부끄러워졌다. 고래고래 욕지거리를 퍼붓고 나서야, 고스란히 그 욕을 듣고 있는 상대방을 발견하고는 괜히 내가 다 민망해지는 느낌이었다. 그랬다. 나는 내 이야기를 이 글에 담는 동안, 글은 내 이야기를 아주 찬찬히 귀 기울여 들어줬다.

문득 충주 달천 시골 마을에 살 때, 우리 집 뒷마당에 있던 장독대 생각이 났다. 바람이 시원하게 불고 볕이 좋은 날이면 엄마는 장독을 열어두곤 했다. 뚱뚱한 된장독, 그 옆에 조금 작은 고추장독, 반대편에는 길쭉하고 날씬한 간장독. 콤콤한 냄새를 내뿜는 메줏덩어리가 맛있고 구수한 장이 되려면, 시원한 바람과 깨끗한 햇살과 깊은 시간이 필요했다. 곧 썩어버릴 것 같던 곰팡이 메주는 바람과 볕과 시간을 머금고 나서야 감칠맛 나는 장이 되어 밥상 위에 올랐다.

시원한 바람은 엄마의 편지였고, 깨끗한 햇살은 주변의 도움이었다. 거기에 더한 깊은 시간은 글을 다듬으면서 나를 돌아본 기간이었으리라. 그렇게 곧 썩어버릴 것 같았던 나의 군 생활은 기억의 장독대에서 잘 삭아서, 한 권의 추억이 됐다.

햇살이 되어 주신 많은 분께 감사를 전한다.

2015. 4. 20